中等职业学校重点建设项目系列规划教材

计算机组装与维护

主　编　杜柳妍　梁　涛　王　军
副主编　康　维　张平乐　郝梦洁
　　　　王龙飞

U0259559

天津大学出版社
TIANJIN UNIVERSITY PRESS

内容简介

本书重点介绍了计算机硬件各组成部件,包括CPU、主板、内存、硬盘、显示器、机箱、电源、鼠标和键盘等的主要性能指标和目前市场上的主流产品。介绍中简化了一些不必要的硬件原理及一些抽象、过时且意义不大的理论内容,内容务求实用。另外,本书还介绍了计算机硬件的组装过程,BIOS设置,安装操作系统、驱动程序、计算机常见故障和解决方法,以及电脑日常维护的主要工作和常用维护软件的使用,使读者能够熟练掌握计算机软硬件安装、日常维护及解决使用中出现的常见问题。

本书各章节配有大量实物图片帮助理解,更加注重读者实践能力的培养,内容深浅适中、简明实用,适合计算机爱好者、装机人员、计算机维修人员、IT从业人员及大中专院校师生作为教材或自学使用。

图书在版编目(CIP)数据

计算机组装与维护 / 杜柳妍,梁涛,王军主编 ; 康维等副主编. -- 天津 : 天津大学出版社, 2024. 10.
(中等职业学校重点建设项目系列规划教材). -- ISBN
978-7-5618-7862-0

Ⅰ. TP30
中国国家版本馆CIP数据核字第20240C6S74号

出版发行	天津大学出版社
地　　址	天津市卫津路92号天津大学内(邮编:300072)
电　　话	发行部:022-27403647
网　　址	www.tjupress.com.cn
印　　刷	北京虎彩文化传播有限公司
经　　销	全国各地新华书店
开　　本	787mm×1092mm　1/16
印　　张	11.5
字　　数	294千
版　　次	2024年10月第1版
印　　次	2024年10月第1次
定　　价	36.00元

前　言

计算机组装与维护作为计算机专业的必修课程,意义重大,本书是根据专业人才培养方案及课程标准的要求,结合企业用人需求和学校教学情况编写的。

为了让学习者能够快速且牢固地掌握计算机组装与维护相关知识,本书充分考虑学习者的实际情况及职业教育培养目标,遵循专业教学规律,制定了系统全面的学习计划,注重学习者的实际操作,结合集中练习和真实环境的操作训练,使学习者逐步掌握计算机组装和维护的基本方法。

本书内容共分为 12 个模块。

模块 1 到模块 6 是计算机基础部分,介绍计算机发展历史,计算机的硬件组成,认识计算机的 CPU、主板、内存、显卡、显示器、硬盘、机箱、电源、鼠标、键盘、打印机、扫描仪、声卡、音箱、耳机、U 盘、摄像头等,通过这些来学习计算机的基础知识。

模块 7 到模块 10 是计算机组装的内容,这部分介绍如何组装计算机,认识 BIOS,设置BIOS,认识硬盘的分区,对不同容量的硬盘使用 DM 软件、Fdisk 软件进行分区,对硬盘格式化,利用 U 盘安装 32/64 位的操作系统,安装硬件的驱动程序,安装常用的软件等,并通过这些讲解组装一台计算机所需的相关知识。

模块 11 到模块 12 是计算机维护内容,这部分介绍了计算机常见故障,如何维修,以及如何进行日常维护。

采用本书进行教学时,应以操作训练为主,建议安排 64 学时,其中操作训练不少于 40学时。具体学时安排可参考下表。

模块	教学内容	学时	模块	教学内容	学时
1	知识准备	6	7	计算机组装	8
2	主板和 CPU	4	8	BIOS 设置	6
3	存储设备	4	9	硬盘分区和格式化	8
4	显示设备	3	10	安装操作系统和驱动程序	6
5	辅助设备	4	11	计算机故障与维修	6
6	网络设备	5	12	计算机日常维护	4

本书特色如下。

（1）内容全面,理论联系实际。将知识点应用在实际操作中,让学习者在具备一定理论基础前提下能够运用所学知识解决在工作中遇到的实际问题。学习者不仅能够获得实用的技能,还能在面对新技术和新产品时更快地适应和学习。

（2）讲解通俗易懂,注重实用。本书重点突出了实用性及可操作性,对重点概念和操作技能进行详细讲解,内容深入浅出,简洁易懂。

本书由新疆生产建设兵团第一师阿拉尔职业技术学校教师编写,其中杜柳妍编写模块

1、模块 2 和模块 7,梁涛编写模块 5、模块 6 和模块 8,王军编写模块 9 和模块 12,康维编写模块 10,张平乐编写模块 11,郝梦洁编写模块 3,王龙飞编写模块 4。

　　写作过程中,编者尽力为读者提供更好、更完善的内容,但由于水平有限,书中难免存在不足,恳请广大师生批评指正,以便我们修改和完善。

目　　录

模块 1 知识准备

1.1 计算机的发展历史与趋势

计算机技术经历了短短几十年的发展,却取得了突飞猛进的进步,因此首先应对计算机的发展历史和发展趋势做一个简单的了解。

1.1.1 计算机的发展史

1946 年,在美国诞生了世界上第一台电子计算机 ENIAC(Electronic Numerical Integrator And Calculator),即电子数字计算机,称为"埃尼阿克"。图 1.1 为 ENIAC,其重量达到了 30 多 t,占地面积 170 m²,使用了 18 800 个电子管,耗电量高达 150 kW,但其计算速度只有每秒 5 000 次加法运算。

图 1.1 ENIAC

经过几十年的技术进步,计算机领域取得了飞跃式的发展。我们现在所使用的个人计算机的运算速度已经达到了每秒几十亿次。

计算机的发展按照所使用的电子器件的变化,分为以下几个阶段。

(1)第一代(1946—1957 年):电子管计算机。这种计算机体积大、耗电多、成本高、运算速度慢,只能达到每秒几千次到几万次的加法运算。

（2）第二代（1958—1964 年）：晶体管计算机。晶体管比电子管平均寿命提高 100~1 000 倍，耗电量却只有电子管的十分之一，体积比电子管小一个数量级，运算速度明显提高，每秒可以执行几万次到几十万次的加法运算。

（3）第三代（1965—1970 年）：集成电路计算机。这种器件把几十个或几百个独立的电子元件集中做在一块几平方毫米的硅片上（称为集成电路芯片），使计算机的体积和耗电大大减小，运算速度却大大提高，每秒可以执行几十万次到一百万次的加法运算，性能和稳定性进一步提高。

（4）第四代（1971 年至今）：大规模和超大规模集成电路计算机。大规模集成电路的出现使计算机发生了巨大的变化，出现了微处理器，从而推出了微型计算机，使得计算机在存储容量、运算速度、可靠性等方面都有了较大的突破。

目前，我们使用的计算机属于第四代计算机，正向第五代计算机发展，其方向集中于人工智能和巨型计算机两个方面。其中，人工智能是指使计算机能够具有像人一样的思维、推理和判断能力，实现接近人的思考方式。计算机的发展史是一部人类智慧与创新精神的结晶史。从最初的机械计算工具到现代高度集成的电子计算机，每一次技术革新都推动了计算机领域的快速发展和广泛应用。

1.1.2　计算机的发展趋势

目前，计算机朝着巨型化、微型化、网络化、智能化的方向发展。

1. 巨型化

巨型化是指计算机具有极高的运算速度、大容量的存储空间以及更加强大和完善的功能。这种趋势使得计算机在航空航天、军事、气象、人工智能、生物工程等科学领域发挥着不可替代的作用。随着技术的不断进步，巨型计算机的性能将持续提升，以满足更加复杂和庞大的计算需求。

2. 微型化

微型化是计算机发展的另一个重要方向。随着大规模及超大规模集成电路的发展，计算机芯片的集成度越来越高，功能也越来越强大。这使得计算机在保持高性能的同时，体积和功耗不断减小，从而推动了计算机的普及和应用。微型化不仅体现在个人计算机上，还广泛应用于智能手机、平板电脑、可穿戴设备等便携式设备中。

3. 网络化

网络化是计算机技术和通信技术紧密结合的结果。随着互联网的普及，计算机网络已经广泛应用于政府、学校、企业、科研、家庭等领域。计算机网络将不同地理位置上具有独立功能的不同计算机，通过通信设备和传输介质互相连接，在通信软件的支持下，实现资源共享、信息交换、协同工作。网络化的发展不仅提高了计算机系统的效率和可靠性，还促进了信息的共享和交流。

4. 智能化

智能化是计算机发展的高级阶段。智能化计算机能够模拟人类的智力活动，如学习、感知、理解、判断、推理等。它们具备理解自然语言、声音、文字和图像的能力，可以与人进行自然语言对话。智能化计算机还可以利用已有的和不断学习到的知识，进行思维、联想、推理，并得出结论,解决复杂问题。随着人工智能技术的不断发展,智能化计算机将在更多领域发挥重要作用。

2024 年被认为是传统个人计算机(Personal Computer,PC)向人工智能计算机(AI PC)转变的重大转折点。AI PC 不仅继承了传统 PC 的强大计算能力,还融入了先进的人工智能技术,能够根据用户的使用习惯和需求提供个性化的信息和服务。

1.2　计算机的软硬件系统组成

计算机按照规模和处理能力分为巨型计算机、大/中型计算机、小型计算机、微型计算机、工作站和服务器。平时所说的"电脑"指的是微型计算机,简称微机,也叫 PC 机。

计算机是一个有机的整体,它由许多部件协同工作。计算机系统由硬件系统和软件系统两部分组成,下面分别进行介绍。

1.2.1　硬件系统

硬件是指构成计算机的物理装置,看得见、摸得着,是实实在在的有形实体。计算机硬件由运算器、控制器、存储器、输入设备和输出设备五大基本部件组成。

1. 运算器/控制器

运算器又称算术逻辑部件,用于完成数据的算术运算和逻辑运算;控制器是计算机的指挥系统,计算机就是在控制器控制下协调工作。

微型机把运算器和控制器做在一块集成电路芯片上,称为中央处理器(Central Processing Unit,CPU)。它是计算机核心部分,作用相当于人的大脑,指挥和协调计算机中所有部件协同工作。图 1.2 所示为 CPU 的外观。

图 1.2　CPU 的外观

2. 存储器

存储器是计算机中具有记忆能力的部件,用来存放程序和数据。通常,存储器分为内存储器和外存储器。

内存储器简称内存,又称主存,主要用于临时存放系统中的数据,存取速度较快,但存储容量小,而且断电后数据会丢失。外存储器简称外存,又称辅存,主要用于存放永久性的数据,存储容量大,但存取速度比内存慢。外部存储器主要有移动硬盘、光盘、软盘等。内存和硬盘的外观如图 1.3 所示。

图 1.3　内存(左)和硬盘(右)

3. 输入设备

输入设备是将数据信息和程序送入存储器中进行处理的设备。常见的输入设备有鼠标、键盘、扫描仪、麦克风、数码相机和摄像头等,如图 1.4 所示。

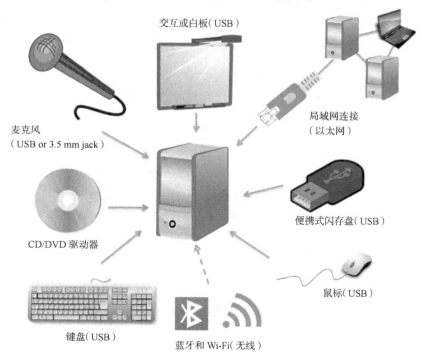

图 1.4　输入设备

4. 输出设备

输出设备是将计算机处理后的数据和程序转换成人们能够识别的形式显示出来的设备。常见的输出设备有显示器、音箱、打印机、绘图仪等,如图 1.5 所示。

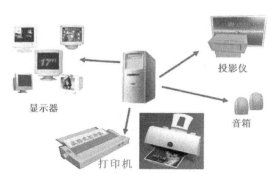

图 1.5　输出设备

1.2.2　软件系统

只有硬件系统的计算机称为裸机,这样的计算机还不能进行工作。软件系统就是平常所说的程序,是一组有序的计算机指令,这些指令用来指挥计算机硬件系统进行工作。计算机系统的层次结构如图 1.6 所示。

图 1.6　计算机系统层次结构

根据软件的用途可将计算机的软件系统分为两大类:系统软件和应用软件。

1. 系统软件

系统软件一般是由计算机设计者提供的计算机程序,用于计算机的管理、控制、维护、运行,方便用户对计算机的使用。它包括操作系统、语言处理程序、数据库管理程序、网络通信管理程序等。其中,最重要的是操作系统软件,如 Windows 10、Windows 11、macOS、Linux、Unix、Chrome OS、Android、HarmonyOS。此外,还有一些特殊的操作系统软件,如嵌入式操作系统、实时操作系统等。

2. 应用软件

应用软件是指用户利用计算机及其提供的系统软件为解决各类实际问题而编制的计算

机程序。它包括各种应用软件、工具软件及用户利用系统软件开发的系统功能等,如 Office、WPS、Winrar、FlashGet、游戏软件等。

1.3 购机流程

随着计算机技术的普及,计算机已经进入人们学习、生活、工作的各个领域,购置计算机已经不是一种奢侈的行为。目前,购置计算机有品牌机和组装机两种选择,对于经济上不太宽裕的人,购置一台二手机也是一种不错的选择。一般相同配置的两台计算机,品牌机在价格上要高一些,但售后服务以及稳定性较好;组装机的性价比较高,而且配件可以根据自己的经济情况以及对电脑的功能要求作灵活的变化。本节主要介绍的是组装机的选购流程。

1.3.1 明确自己的需求

选购一台计算机,首先要明确自己的需求,也就是买这台计算机到底是用于做什么。计算机并不是价格越高就好,适合自己的才是最好的。由于计算机的硬件发展速度非常快,没有必要去盲目地追求高端的配置,以及一些自己根本就用不到的功能。重点在于“性价比”,够用就好。

对于不同的需要,配置上是完全不同的。例如刚刚上学的孩子因学习需要,配置稍微低一点也是完全可以满足要求的,可以使用整合主板,内存、硬盘的容量也不需要太大,为了孩子眼睛健康可以选择辐射较低的液晶显示器;如果要玩一些大型游戏,或者经常用于二维、三维的图像处理,则需要配置档次较高的显卡,较大容量的内存,以及色彩方面比较出色的阴极射线管(CRT)显示器。另外,还要根据个人学习或工作的需要,有选择地配置音箱、打印机、摄像头、扫描仪等外部设备。

1.3.2 了解市场行情

明确自己对计算机的需求后,就可以有选择地了解目前市场上的行情动态了。有关硬件的详细信息可以从很多途径获得。

1.3.3 确定配置清单

根据自己的需求,通过报刊或者网站了解市场上各类计算机部件的主要性能参数以及价格,然后就可以确定计算机的理想配置清单了。

在确定配置清单时应该注意以下一些问题。首先要权衡性能与价格的关系,即尽可能花最少的钱得到最佳的性能,并不是价钱越高性能就越高。其次要考虑各部件的均衡性,也就是说,CPU、内存、主板等部件均衡地发挥各自性能。如为了追求档次,选择高端的 CPU,如英特尔 i5-13600KF 和 i7-14700K、AMD 锐龙 7000 系列和 9 7950X,出于资金的考虑只选择了性能偏低的 G41、P43 芯片组的主板,这样即使其他搭配再好,CPU 也无法发挥最佳的性能。另外,还需要考虑部件的兼容性,整机的稳定性、扩展性等。

由于计算机硬件更新换代速度非常快,且有些地方市场规模偏小,为避免所要的配件找不到,应在设计配置清单时再考虑一些替补方案,做到有备无患。

1.3.4　购买

确定了配置清单后,就可以去市场购买,建议最好找懂行的朋友一起前往。北京的中关村是国内最大的计算机硬件销售市场,被称为"电子一条街",也有人戏称其为"骗子一条街",这种说法有些偏激,但也确实反映了一些现象:一些奸商为了追求更高的利润,采取一些欺骗的手段,以低充高、以次充好、以旧充新的情况时有发生。建议大家在购机前掌握一些基本的防伪知识。本书在后续的章节在介绍各个部件的选购时,也会提到一些硬件防伪的知识。

<h2 style="text-align:center">小　结</h2>

自 1946 年 ENIAC 计算机问世以来,计算机技术在软硬件方面均实现了显著进步。计算机系统由软件和硬件两大核心组成。硬件方面,一台完整的计算机通常包括 CPU、主板、内存、硬盘等关键部件。在购置计算机时,重要的是根据个人实际需求进行选择,避免盲目追求高端配置或最昂贵选项,确保所选设备能够满足自身的工作、学习或娱乐需求。

<h2 style="text-align:center">习　题</h2>

1. ＿＿＿＿＿＿＿＿＿＿是计算机的核心。

2. 完整的计算机系统包括＿＿＿＿＿＿＿和＿＿＿＿＿＿＿两部分。

3. 计算机的软件系统分为＿＿＿＿＿＿和＿＿＿＿＿两大类,其中, Windows 11 属于＿＿＿＿＿＿＿＿,Microsoft Office 属于＿＿＿＿＿＿＿。

4. 计算机的硬件系统包括＿＿＿＿＿＿、＿＿＿＿＿＿、＿＿＿＿＿＿、＿＿＿＿＿＿和＿＿＿＿＿＿＿＿＿五大功能部件。

5. 简述组装一台计算机需要哪些基本部件。

模块 2　主板和 CPU

2.1　主板

主板又称主机板(Main Board)、系统板(System Board)或母板(Mother Board),是计算机系统中最为重要的部件之一,也是整个计算机系统的载体。

2.1.1　简介

主板是一块大型电路板,用于连接组成计算机系统所需的电子元件和电路,如图 2.1 所示。主板上有很多接口,CPU、内存等组件通过这些接口连接到主板。主板在这些接口和系统组件之间传输数据。

图 2.1　主板

2.1.2　主板的组成

1. CPU 插槽

CPU 需要通过特定的接口与主板连接才能进行工作,这个接口被称为 CPU 插槽,如图 2.2 所示。CPU 的接口方式有引脚式、卡式、触点式、针脚式等。

图 2.2　CPU 插槽

2. 芯片组

芯片组由北桥(North Bridge)芯片和南桥(South Bridge)芯片组成。北桥芯片主要决定主板的规格、对硬件的支持以及系统的性能,连接着 CPU、内存、AGP 总线;南桥芯片负责中断及 DMA(Direct Memory Access)通道,管理 CPU 和 PCI(Peripheral Component Interconnect)总线及外部设备之间的数据交换。如图 2.3 所示为某芯片组。

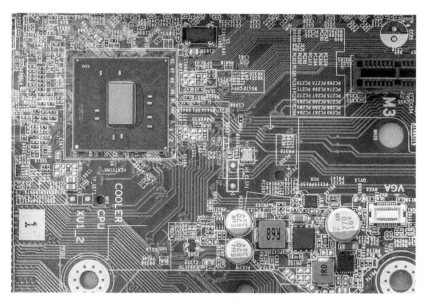

图 2.3　芯片组

3. 主板供电电路

在电源接口和 CPU 插槽的周围,有一些整齐排列的大电容和大功率的稳压管,配合滤波线圈和稳压控制集成电路,共同组成了主板的电源模块。

4. PCI 插槽

PCI 插槽是常见且广泛使用的主板插槽,很多外部设备如声卡、网卡和视频采集卡都采用此接口。PCI 插槽的工作频率为 33 MHz(也有个别的工作频率为 66 MHz)。PCI 插槽如图 2.4 所示。

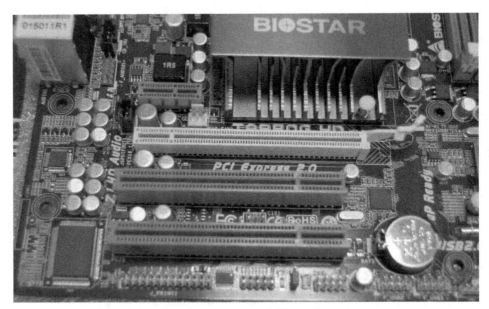

图 2.4　PCI 插槽

5. AGP 插槽

AGP(Accelerated Graphics Port)即加速图形端口,是主板上靠近 CPU 插槽的接口。它通过专用的 AGP 总线直接与北桥芯片相连,所以 AGP 显卡的传输速率大大超过与其他设备共享总线的 PCI 显卡。

6. PCI-E

PCI-E 已全面取代系统的 PCI 和 AGP,最终成为统一的总线标准。它的主要优势在于数据传输速率高,目前可达 10 GB/s 以上,而且还具有相当大的发展潜力。

7. 内存插槽

根据所支持的内存类型,内存插槽分为 EDO、SDRAM、RDRAM、DDR、DDR2 和 DDR3 等。不同插槽的引脚数量、额定电压和性能也不尽相同。DDR3 和 DDR4 内存已成为当今主流配置。DDR3 内存插槽如图 2.5 所示。

8. IDE 和软驱接口

IDE(Integrated Device Electronics)接口用于连接硬盘和光驱,软驱接口则用来连接软盘驱动器。

9. SATA 硬盘接口

SATA 是 Serial ATA(Advanced Technology Attachment)的缩写,即串行高级技术附件。SATA 总线使用嵌入式时钟信号,具备了更强的纠错能力,如果发现传输中的错误会自动矫正。串行接口还具备结构简单、支持热插拔的优点。主板上的 SATA 接口如图 2.6 所示。

图 2.5　DDR3 内存插槽

图 2.6　主板上的 SATA 接口

10. BIOS

BIOS(Basic Input Output System)是一块装载了启动和自检程序的 EPROM 或 EE-PROM 集成电路,用于管理系统 启动和硬件自检。

11. CMOS

互补金属氧化物半导体(Complementary Metal Oxide Semiconductor, CMOS)是一种大规模应用于集成电路芯片制造的原料。现指微机主板上的一块可读写的 RAM 芯片,主要用来保存当前系统的硬件配置和操作人员对某些参数的设定。CMOS RAM 芯片由系统通过一块后备电池供电,因此无论是在关机状态中,还是遇到系统掉电情况,CMOS 配置信息都不会丢失。

2.1.3　计算机芯片公司简介

1. 英特尔(Intel)

成立时间:1968 年。

总部地点:美国加利福尼亚州圣克拉拉。

主营业务:设计、制造和销售计算机、网络通信、消费电子和嵌入式设备等领域的各种处理器产品。

公司概况:英特尔是全球最大的半导体芯片制造商之一,在计算机 CPU 领域具有举足轻重的地位。其产品广泛应用于个人计算机、服务器、数据中心、云计算、物联网等领域。英特尔的处理器以其高性能、稳定性和可靠性而著称,是众多计算机制造商的首选。

重要产品:

(1)酷睿(Core)系列。面向个人计算机的处理器,包括 i3、i5、i7、i9 等多个型号,满足不同用户的性能需求。

(2)至强(Xeon)系列。专为服务器和工作站设计的处理器,提供强大的计算能力和高并发处理能力。

2. 超威半导体公司(AMD)

成立时间:1969 年。

总部地点:美国加利福尼亚州圣克拉拉。

主营业务:设计、制造和销售计算机处理器、图形处理器(GPU)、主板芯片组、嵌入式处理器以及闪存产品等。

公司概况:AMD 是一家在全球芯片市场上具有重要影响力的公司,与英特尔形成直接竞争。AMD 的处理器和 GPU 产品在性价比方面表现出色,深受消费者和企业的喜爱。

重要产品:

(1)锐龙(Ryzen)系列。面向个人计算机的处理器,提供强大的多核性能,适合游戏、内容创作和多任务处理等场景。

(2)Radeon 系列。AMD 的图形处理器产品线,包括面向游戏、专业图形处理和数据中心市场的多个系列。

3. 高通(Qualcomm)

成立时间:1985 年。

总部地点:美国加利福尼亚州圣迭戈。

主营业务:设计、开发和销售无线通信技术产品,包括手机芯片、物联网芯片等。

公司概况:高通是全球领先的无线通信技术公司,其芯片产品广泛应用于智能手机、平板电脑、笔记本电脑、物联网设备等领域。高通在移动处理器和通信基带芯片方面拥有强大的技术实力和市场占有率。

重要产品:

(1)骁龙(Snapdragon)系列。高通的旗舰移动处理器产品线,提供高性能、低功耗的处理器解决方案,支持 5G 等先进通信技术。

(2)物联网芯片。高通开发了多款面向物联网市场的芯片产品,如蓝牙芯片、WiFi 芯片等,助力物联网设备的智能化和互联互通。

4. 英伟达(NVIDIA)

成立时间:1993 年。

总部地点:美国加利福尼亚州圣克拉拉。

主营业务:设计、制造和销售图形处理器、人工智能芯片、嵌入式处理器等。

公司概况:英伟达是全球知名的图形处理器和人工智能芯片制造商,其产品在游戏、数据中心、自动驾驶汽车等领域具有广泛应用。英伟达 GPU 在图形渲染和并行计算方面表现出色,为游戏玩家和专业用户提供极致的视觉体验和高性能计算能力。

重要产品:

(1)GeForce 系列。面向游戏市场的图形处理器产品线,提供卓越的图形渲染性能和游戏优化。

(2)Tesla 系列。专为数据中心设计的 GPU 产品,支持大规模并行计算和深度学习等应用。

(3)Jetson 系列。面向嵌入式和边缘计算市场的处理器产品,适用于自动驾驶汽车、机器人、无人机等领域。

这些计算机芯片公司在全球范围内推动着计算机技术的不断进步和创新发展。它们的产品和技术不仅满足了人们对计算机性能、功耗和功能等方面的需求,还推动了相关产业的升级和转型。

2.2　CPU

2.2.1　CPU 简介

CPU(Central Processing Unit)也称中央处理器,是计算机系统的神经中枢。CPU 是一个大规模的集成电路,它的内部是由几百万个晶体管元件组成的复杂的电路,是整个计算机系统的核心。

2.2.2　CPU 的发展历程

CPU 的发展历程是计算机技术进步的重要里程碑,其发展历程可以详细阐述如下。

1. 起源与早期发展

电子管时代(20 世纪 50 年代至 60 年代初):在这一时期,计算机采用电子管作为基本元件,尚未有独立的 CPU 概念,计算和控制功能分散在机器内部的不同部分。

微处理器的诞生(1971 年):1971 年,英特尔推出了世界上首款微处理器 4004,这是一款 4 位的 CPU,标志着现代 CPU 的诞生。它将运算器、控制器等功能集成到一块芯片上,为微型计算机时代揭开了序幕。此时, CPU 还处于早期阶段,性能较低,主要应用于工业自动化和仪器仪表等领域。

2. 低位微处理器时代

4 位和 8 位微处理器(1971 年至 1977 年):随着技术的发展, 8 位 CPU 如 Intel 8008、Intel 8080 以及 Motorola 6502 等相继问世,推动了个人计算机的发展。这些 CPU 虽然功能相对简单,但为后续的计算机革命奠定了基础。

3. 16 位微处理器时代

16 位微处理器(1978 年至 1984 年): Intel 8086 及其后继产品 80286 的出现,带来了 16 位计算能力,显著提升了个人计算机的性能。IBM PC/AT 就是基于这一架构设计的,为计算机的普及作出了重要贡献。

4. 32 位微处理器时代

32 位微处理器(1985 年至 1992 年): Intel 80386 及后续的奔腾系列(Pentium)处理器推动了 32 位架构的普及。这些处理器支持更大的内存寻址空间和更复杂的操作系统,如 Windows NT 等,使计算机能够胜任多任务、多用户的作业。

5. 64 位微处理器时代

64 位微处理器(20 世纪末):随着技术的进步, 64 位计算逐渐成为主流。Intel 的 Itanium 以及后来的 X86-64(AMD64)、EM64T(Intel)等架构引入了 64 位计算,允许处理器能够处理更大规模的数据,并支持更多并发操作。

6. 多核心与高性能计算

多核并行(21 世纪初至今):进入 21 世纪,单个芯片上的 CPU 核心数量显著增加,多核处理器成为主流。这种设计允许同时执行多个线程,显著提升了系统性能。

超线程技术（Hyper-Threading Technology）：Intel 推出的超线程技术，让每个物理核心能模拟出两个逻辑核心，进一步提高了处理器利用率。

高性能计算（HPC）：超级计算机中使用的 CPU 如 Intel Xeon Phi 或 IBM PowerPC A2 等，通过高度并行和定制化设计实现前所未有的计算速度。

7. 未来趋势

传统的 X86 架构在功耗和效能平衡上已经面临一定瓶颈，未来的 CPU 可能会采用新的架构，如 ARM 架构等，以更好地适应不同的应用场景。随着人工智能技术的兴起，未来的 CPU 将会更加专注于优化人工智能任务，提升处理效率和性能。随着制程工艺的进一步发展，CPU 芯片上集成的晶体管数量将进一步增加，从而提高计算能力和效率。随着物联网和边缘计算的兴起，未来 CPU 将更注重功耗和能效，以适应终端设备的需求。光子技术具有传输速度快、能效高等优势，未来的 CPU 可能会采用光子技术来替代传统的电子器件，实现更高的计算速度和能效。

综上所述，CPU 的发展历程经历了从单一、低效能演变到如今的高性能、多核心、高并发和低功耗的演变过程。这一进程不仅推动了计算机技术的不断进步和创新发展，也为人类社会的信息化进程提供了强大的技术支持。

2.2.3　CPU 的性能指标

CPU 的性能指标是衡量其强弱和适用场景的关键标准。以下是主要的 CPU 性能指标。

1. 时钟频率

定义：CPU 内部时钟的频率，以赫兹（Hz）或千兆赫兹（GHz）为单位，表示 CPU 每秒钟能够执行的指令周期数。

意义：时钟频率越高，CPU 在单位时间内能够执行的指令数量就越多，处理速度就越快。然而，主频并非决定 CPU 性能的唯一因素。

2. 核心数

定义：CPU 中独立处理单元的数量，每个核心都可以独立地执行指令。

意义：核心数越多，CPU 能够同时处理的任务就越多，适用于需要多任务并行处理的场景。多核 CPU 在提升系统整体性能方面具有重要意义。

3. 线程数

定义：CPU 中可以同时执行的指令流的数量。通过超线程技术，一个物理核心可以模拟出两个逻辑核心，从而提高处理器的并行处理能力。

意义：线程数越多，CPU 能够并行处理的任务就越多，进一步提升了系统的多任务处理能力。

4. 缓存大小

定义：CPU 内部的缓存用于存储频繁访问的数据和指令，以减少 CPU 与内存之间的读写次数，提高运算速度。缓存通常分为 L1、L2 和 L3 三级。

意义：缓存越大，CPU 从缓存中读取数据的速度越快，从而提高整体性能。特别是在处理大数据量或高频访问的场景下，缓存的作用尤为显著。

5. 总线速度

定义:CPU 与其他组件(如内存、主板等)通信的速率。

意义:总线速度越高, CPU 与其他组件之间的数据传输速度就越快,从而提高了整个系统的性能。

6. 功耗和散热

定义:CPU 在运行过程中消耗的电能,以及为了保持其正常运行所需的散热能力。

意义:功耗和散热是衡量 CPU 性能稳定性的重要指标。较低的功耗和高效的散热系统有助于确保 CPU 在高负载下稳定运行,避免因过热而导致的性能下降或硬件损坏。

7. 指令集

定义:CPU 支持的指令集合,定义了 CPU 可以执行的指令类型和功能。

意义:不同的指令集具有不同的性能和效率特性。先进的指令集可以提供更丰富的指令类型和更高的执行效率,从而进一步提升 CPU 的整体性能。

8. 每瓦性能

定义:衡量 CPU 在特定功耗下的性能表现。

意义:每瓦性能越高,表示 CPU 在消耗较少电力的同时能够完成更多任务,这对于移动设备(如笔记本电脑)和服务器等场景尤为重要。

9. 制程技术

定义:制造 CPU 的工艺技术,通常以纳米(nm)为单位。

意义:制程越先进,意味着在相同芯片面积上可以集成更多的晶体管,从而提高 CPU 的性能并降低功耗。先进的制程技术对于提升 CPU 的整体性能具有重要意义。

CPU 的性能指标涵盖了多个方面,包括时钟频率、核心数、线程数、缓存大小、总线速度、功耗和散热、指令集、每瓦性能以及制程技术等。这些指标共同决定了 CPU 的性能表现和适用场景。在选择 CPU 时,需要根据实际需求综合考虑这些指标,以找到最适合的处理器。

2.2.4　CPU 的接口

CPU 的接口是连接 CPU 与主板或其他计算机硬件设备的桥梁,对于计算机系统的整体性能和稳定性具有重要影响。

1. CPU 接口的定义与功能

CPU 接口是一种电路设计,用于实现 CPU 与其他计算机硬件之间的有效通信和数据传输。它提供了数据传输和控制信号的路径,允许 CPU 通过总线与内存、输入设备、输出设备等外部设备进行通信。CPU 接口的设计对于计算机系统的整体性能和可靠性至关重要。

2. CPU 接口的主要类型

1)Socket 插槽式接口

定义: Socket 插槽式 CPU 接口是最常见的接口类型,通常采用方形设计,通过插槽和针脚与主板相连。

特点:具有不同数量的针脚,不同的针脚数量和分布决定了不同型号的 CPU 所支持的各项参数。

常见型号：Socket 775、Socket AM2 等。

2）Slot 插槽式接口

定义：Slot 插槽式 CPU 接口是一种长条形接口，采用插槽的方式连接主板，而不是使用针脚。

特点：通常用于较老的服务器和工作站中，具有较大的物理尺寸和较强的扩展性。

常见型号：Slot A、Slot B、Slot 1 等。

3）H 插槽式接口

定义：H 插槽式 CPU 接口是一种矩形接口，采用插槽的方式连接主板，通常用于笔记本电脑和其他小型设备。

特点：具有较小的物理尺寸和较低的功耗，适合移动设备和空间受限的环境。

常见型号：Socket H1、Socket H2、Socket CR-48 等。

3. CPU 接口的工作原理

CPU 接口通过将 CPU 的内部总线与外部总线进行连接，实现 CPU 与其他计算机硬件之间的通信和数据传输。内部总线负责 CPU 内部的数据传输，而外部总线则是用于 CPU 与其他设备之间的数据传输。CPU 接口将内部总线的信号转换成适合外部总线的信号形式，并将外部总线的信号转换成 CPU 可识别的信号，从而实现有效的连接和转换。

4. CPU 接口的重要性

CPU 接口的设计直接影响数据传输和控制信号的速度和效率，进而影响计算机系统的整体性能。不同的 CPU 接口类型对应不同的主板和硬件设备，选择合适的 CPU 接口类型对于确保系统的兼容性和稳定性至关重要。随着计算机技术的不断发展，CPU 接口也在不断演进。选择合适的 CPU 接口类型可以为未来的升级和扩展提供便利。

CPU 接口是计算机系统中非常重要的组件之一，它负责实现 CPU 与其他计算机硬件设备之间的通信和数据传输。不同类型的 CPU 接口具有不同的特点和适用范围，选择合适的 CPU 接口对于确保计算机系统的性能、兼容性和稳定性具有重要意义。随着计算机技术的不断发展，CPU 接口也在不断演进和创新，以适应新的应用需求和技术趋势。

2.2.5 CPU 新技术

CPU 作为计算机系统的核心部件，其技术发展一直引领着计算机性能的提升。

1. 多核与多线程技术

（1）多核技术：现代 CPU 普遍采用多核设计，即在一个处理器芯片上集成多个独立的 CPU 核心。每个核心都可以独立地执行指令和处理数据，从而实现多任务并行处理，显著提升整体性能。多核技术使得 CPU 能够同时处理更多任务，满足复杂应用的需求。

（2）多线程技术：超线程是 Intel 公司推出的一项技术，它允许单个物理 CPU 核心在操作系统中表现为两个逻辑核心，从而能够同时处理两个线程。多线程技术提高了 CPU 的并行处理能力，使得在处理多任务时更加高效。

2. 频率与能效优化

（1）睿频加速（Turbo Boost）技术：这是 Intel 公司推出的一项动态加速技术，可以根据 CPU 的实际负载情况自动调整工作频率。当 CPU 负载较低时，Turbo Boost 会自动提升频率以提高性能;当负载较高时,则降低频率以控制功耗和温度。这种技术使 CPU 在保持高效能的同时,也能实现更好的能效管理。新一代处理器还支持更先进的超频工具,包括对 DDR5 内存的超频支持,给追求极致性能的用户和发烧友提供了更多的自定义选项。

(2)能效比提升:随着制造工艺的进步,CPU 的能效比也在不断提升。先进的制程技术(如 7 nm、5 nm 等)使得 CPU 在相同功耗下能够实现更高的性能,或者在相同性能下消耗更少的电能。这对于移动设备和数据中心等场景尤为重要。

3. 异构计算与集成 GPU

(1)异构计算:随着计算需求的多样化,CPU 不再是唯一的计算单元。现代 CPU 开始与 GPU、FPGA 等其他类型的处理器协同工作,形成异构计算系统。这种系统能够充分利用各种处理器的优势,实现更高效的数据处理和计算。

(2)集成 GPU:许多现代 CPU 都集成了高性能的 GPU 核心(如 Intel 的 Iris Xe Graphics、AMD 的 Radeon Graphics 等),使得 CPU 在处理图形、视频等任务时更加高效。这种集成设计不仅减少了系统功耗和体积,还提高了整体性能。英特尔的新一代 GPU 设计代号为 Battlemage,结合了 Xe2 GPU 核心和 Xe 矩阵扩展(XMX)阵列,用于图形处理和人工智能,提升了游戏和图形性能以及 AI 内容创作的吞吐量。

4. 安全与加密技术

(1)硬件安全技术:现代 CPU 集成了硬件安全模块(如 Intel 的 SGX、AMD 的 SEV 等),为系统和数据提供更高层次的安全保护。这些技术可以防止恶意软件的攻击和数据泄露,保护用户的隐私和财产安全。

(2)加密技术:随着网络安全威胁的增加,CPU 内置的加密技术变得越来越重要。现代 CPU 支持多种加密算法和协议(如 AES、SHA 等),能够在硬件层面实现快速的数据加密和解密操作,提高系统的安全性。

5. AI 与机器学习优化

(1)AI 加速器:为了应对 AI 和机器学习应用的计算需求,现代 CPU 开始集成 AI 加速器(如 Intel 的 VNNI、AMD 的 XDNA 等)。这些加速器能够加速神经网络和深度学习算法的计算过程,提高 AI 应用的性能和效率。

(2)软件优化:CPU 制造商还提供了丰富的软件开发工具和库(如 Intel 的 MKL-DNN、AMD 的 ROCm 等),以支持 AI 和机器学习应用的开发和优化。这些工具可以帮助开发者充分利用 CPU 的计算资源,实现更高效的应用性能。

总之,现代 CPU 新技术涵盖了多核与多线程技术、频率与能效优化、异构计算与集成 GPU、安全与加密技术以及 AI 与机器学习优化等多个方面。这些技术的不断发展将推动计算机系统的性能提升和应用范围的扩大。

实训操作

1. 分组在网络上查找 Intel 和 AMD CPU 的命名及其含义。

2. 在网络上查找 Intel CPU 各种 LOGO 图标,并指出其含义。

3. 对不同型号品牌的主板、内存进行对比。

4. 分析主板芯片组命名标示，找出与 CPU 相配的规律。

小　结

本模块对主板和 CPU 进行了详细的介绍，使读者对于主板和 CPU 有了更进一步的了解。本章也列举了主板和 CPU 的研发厂商和最新的技术方向，为读者提供辅助信息，使读者更容易掌握所学习的内容。

习　题

1. 主板芯片组由_____芯片和_____芯片组成。
2. 内存插槽包括 EDO、_____、RDRAM、_____、DDR Ⅱ 等。
3. _____是一块装入了启动和自检程序的 EPROM 或 EEPROM 集成电路。
4. _____是指 CPU 与北桥芯片之间的数据传输速率，又称前端总线。
5. CPU 的主要技术参数有哪些？
6. 什么是超线程技术？
7. 简述主板新技术。

模块 3　存储设备

3.1　存储设备简介

计算机的 CPU 负责对程序和数据进行计算和处理,因此计算机必须有存放程序和数据的设备,这些设备被称为存储器。存储器是计算机的重要组成部分。

3.1.1　存储设备的作用

存储设备是计算机系统中不可或缺的关键部分,其主要功能是存储程序和数据,以供 CPU 进行处理。这些数据和程序可以是操作系统、应用软件、用户文档、图片、视频等。存储设备的作用可以细分为以下几个方面。

(1)数据持久化:存储设备能够将数据和程序永久或长期保存,即使计算机关闭或断电,数据也不会丢失(除非存储设备本身损坏)。这使得数据能够被长期保存和随时访问。

(2)提高处理效率:CPU 在处理数据时,直接从内存中读取数据速度高于从外部设备(如硬盘)读取数据的速度。因此,存储设备(尤其是内存)作为 CPU 与长期存储设备(如硬盘)之间的缓冲,可以显著提高数据处理的效率。

(3)程序执行基础:计算机程序的执行离不开存储设备的支持。程序被加载到内存中,CPU 从内存中读取指令并执行,从而实现程序的功能。

(4)资源共享:存储设备还允许不同用户或程序之间共享数据。例如,网络中的文件服务器或数据库系统通过存储设备存储共享数据,供多个用户或应用同时访问。

3.1.2　存储设备的分类

根据用途和特性,存储设备主要分为主存储器(Main Memory,简称"主存"或"内存")和辅助存储器(Auxiliary Memory,简称"辅存"或"外存")。

1. 主存储器(内存)

主存储器是计算机中直接与 CPU 交换数据的内部存储器,通常位于 CPU 附近,访问速度非常快。其特点如下。

(1)速度快。内存的访问速度远高于外存,因为内存采用半导体材料制成,数据读写速度极快。

(2)容量有限。虽然内存容量不断增加,但相对于外存来说仍然有限,通常用于存放当前正在运行的程序和数据。

(3)易失性。断电后,内存中的数据会丢失(非易失性内存如 NVRAM 除外,但成本较高)。

现代计算机常用的内存类型包括 DRAM(动态随机存取存储器)和 SRAM(静态随机存取存储器),其中 DRAM 因其成本低廉而被广泛应用。

2. 辅助存储器(外存)

辅助存储器是计算机的外部存储设备,用于长期保存大量的程序和数据,即使计算机断电也不会丢失数据。其特点如下。

(1)容量大。外存的存储容量远远超过内存,可以存储海量的数据。

(2)速度慢。相对于内存而言,外存的访问速度较慢,因为它们通常使用磁性介质或闪存等存储技术。

(3)非易失性。外存中的数据在断电后不会丢失,可以长期保存。

辅助存储器类型如下。

(1)磁性介质。磁性介质包括磁带、软盘、硬盘(HDD)和固态硬盘(SSD)。硬盘通过旋转的磁盘和移动的读写头来存储数据,而固态硬盘则使用闪存芯片来存储数据,速度更快,但成本较高。

(2)光学介质。虽然在现代计算机中已较少使用,但过去的光盘(如 CD、DVD)也是外存的一种形式,通过激光技术读写数据。

(3)闪存介质。U 盘、SD 卡等便携式存储设备以及许多现代笔记本电脑和台式机中的固态硬盘,都是基于闪存技术的外存设备,具有体积小、质量轻、速度快等优点。

3.2　内存

3.2.1　内存简介

计算机的外部存储器虽然容量很大,但相对于 CPU 来说速度却慢得多,因此无法及时向 CPU 提供数据。为了避免 CPU 频繁处于等待状态,必须在 CPU 和外部存储器之间增加一个速度比外部存储器快得多的内部存储器,这就是内存产生的主要原因。内存采用大规模及超大规模集成电路工艺制造,具有密度大、体积小、质量轻、存取速度快等特点,CPU 可以直接访问内存中的数据。内存包括随机存储器(Random Access Memory, RAM)、只读存储器(Read-Only Memory, ROM)、高速缓冲存储器(Cache)等。因为 RAM 是其中最主要的存储设备,整个计算机系统的内存容量主要由 RAM 的容量决定,所以习惯将 RAM 称为内存,而将后两种称为 ROM 和 Cache。

1. 只读存储器

ROM 为只读存储器。在 ROM 制造的过程中,相应的数据和程序被永久地保存在其中。这些信息只能读出,一般不能写入,即使系统掉电,这些数据也不会丢失。ROM 一般用于存放计算机的基本程序和数据,如 BIOS ROM。只读存储器如图 3.1 所示。

图 3.1 只读存储器

2. 随机存储器

RAM 为随机存储器,既可以从其读取数据,也可以写入数据,当机器电源关闭时,存于其中的数据就会丢失。通常购买或升级的内存条就是用作计算机的 RAM。内存条(SIMM)就是将 RAM 集成块集中在一起的一小块电路板,它安装在计算机中的内存插槽上。目前,市场上常见的内存条的容量有 4 GB、8 GB、16 GB 和 32 GB。

3. 高速缓冲存储器

Cache 为高速缓冲存储器,位于 CPU 与内存之间,是一个读写速度比内存更快的存储器。当 CPU 向内存中写入数据时,这个数据也被存储进高速缓冲存储器中。当 CPU 再次需要这些数据时,CPU 就从高速缓冲存储器读取数据,而不是访问较慢的内存,如果所需的数据在 Cache 中没有找到,CPU 才会读取内存中的数据。

3.2.2 内存的性能指标

1. 存取周期

内存的速度通常用存取周期来表示。存储器的两个基本操作为读出和写入,指的是在存储单元与存储寄存器(MDR)之间进行的数据读写操作。存储器从接收读出命令到被读出信息稳定输出到 MDR 的时间间隔,称为取数时间(TA)。两次独立的存储操作之间所需的最短时间称为存储周期(TMC),单位为纳秒(ns)。存储周期越短,意味着内存的性能越好。

2. 内存的速度

内存的速度是指在内存芯片中数据的输入输出速度,通常用北桥芯片与内存之间的工作频率来衡量。当今内存的工作频率常见为 667 MHz、800 MHz、1 066 MHz、1 333 MHz 和 1 600 MHz 等。

3. 内存的容量

早期同步动态随机存储器(Synchronous Dynamic Random Access Memory,SDRAM)内存容量常见有 32 MB、64 MB、128 MB、256 MB。当今流行的双倍数据速率(Double Data

Rate，DDR）内存的容量主要有 48 GB 和 796 GB。内存容量越大，其存储的数据也越多，执行效率也就越高。

4. 数据宽度和带宽

内存的数据宽度是指内存同时传输数据的位数，以位（bit）为单位。内存带宽指内存的数据传输速率。

5. 内存的工作电压

快页模式（Fast Page Mode，FPM）内存和延伸数据输出（Extended Data Out，EDO）内存使用电压为 5 V，SDRAM 使用电压为 3.3 V，目前 DDR 使用电压为 2.5 V，DDR2 使用电压为 1.8 V。而随着工艺的进步，DDR3 通过采用 100 nm 以下的制造工艺，将工作电压从 1.8 V 降至 1.5 V。

3.2.3 RAM 的发展

1. SDRAM

第一代 SDRAM 内存采用了 PC66 规范，由于 Intel 和 AMD 两家厂商在处理器频率上的竞争，CPU 频率提升至 100 MHz，所以 PC66 也就被 PC100 规范取代。接着 133 MHz 外频的 PIII 以及 K7 时代到来，PC133 规范也以相同的方式进一步提升了 SDRAM 的整体性能，将带宽提高到 1 GB/s 以上。由于 SDRAM 的带宽为 64 位，正好对应 CPU 的 64 位数据总线宽度，因此它只需要一条内存便可以工作，便捷性进一步提升。SDRAM 如图 3.2 所示。

图 3.2　SDRAM

2. DDR

DDR 的全称为 Double Data Rate SDRAM（双倍速率的 SDRAM）。DDR 可以说是 SDRAM 的升级版本，它在时钟信号的上升沿与下降沿各传输一次数据，使得其数据传输速度为传统 SDRAM 的两倍。由于仅利用了下降沿信号，因此并不会造成能耗增加。而在定址与控制信号方面 DDR 与传统 SDRAM 相同，均只在时钟上升沿传输。第二代 PC266 DDR SDRAM（133 MHz 时钟 ×2 倍数据传输=266 MHz 带宽）是由 PC133 SDRAM 内存衍生而来，它将 DDR 内存带向第一个高潮。随后推出的 DDR333 内存属于一种过渡产品，而 DDR400 内存成为目前的主流平台选配，双通道 DDR400 内存已经成为 800FSB 处理器的基本配置标准，DDR533 规范则成为大多数超频用户的选择对象。DDR 内存如图 3.3 所示。

图 3.3 DDR 内存

3. DDR2

随着 CPU 性能的不断提高,对内存性能的要求也逐步提升。DDR2 能够在 100 MHz 的发射频率基础上提供每个插脚最少 400 MB/s 的带宽,而且其接口工作电压为 1.8 V,从而进一步降低发热量,提升频率。此外,DDR2 融入 CAS、OCD、ODT 等新性能指标和中断指令,提升了内存带宽的利用率。根据联合电子设备工程委员会(Joint Electron Device Engineering Council,JEDEC)制定的 DDR2 标准,面向 PC 等市场的 DDR2 内存拥有 400 MHz、533 MHz、667 MHz 等不同的时钟频率,高端的 DDR2 内存将拥有 800 MHz、1 000 MHz 两种频率。DDR2 内存采用 200、220、240 针脚的 FBGA 封装形式。DDR2 内存采用 0.13 μm 的生产工艺,内存颗粒的工作电压为 1.8 V。目前,DDR2 内存容量一般为 512 MB、1 GB。DDR2 内存如图 3.4 所示。

图 3.4 DDR2 内存

4. DDR3

全球内存厂商组织 JEDEC 过去一直致力于制定内存产品的工业标准,包括 DDR 和

DDR2 标准。JEDEC 表示,与 DDR 和 DDR2 相比,DDR3 在降低功耗等各方面的性能都有了很大提高,使用范围也在不断扩大。DDR3 的特点是拥有更高的频率和带宽,采用 1.5 V 电源和内存信号终端电阻技术(On-Die Termination, ODT),但会增高运行时的温度。DDR3 将在未来的移动平台和要求最高性能的应用平台中起决定性作用。DDR3 内存的推广意义在笔记本电脑中比在台式机中更加重大,能耗的降低无疑能提升笔记本电脑在续航能力方面的表现,进而在视频、编解码、游戏、3D 视觉方面提供更高的性能。DDR3 内存如图 3.5 所示。

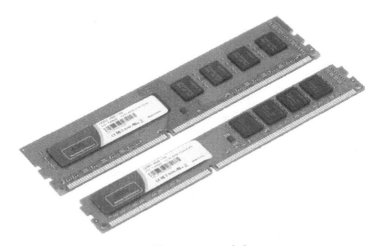

图 3.5　DDR3 内存

5. DDR4

第四代双倍速率同步动态随机存取存储器,是计算机内存技术的重要里程碑,DDR4 是在 DDR3 基础上发展而来的,通过优化数据传输协议和电路设计,提升了内存的性能和效率。DDR4 采用更高的数据预取值和 Bank Group 设计,增强了数据吞吐量和带宽, DDR4 内存如图 3.6 所示。

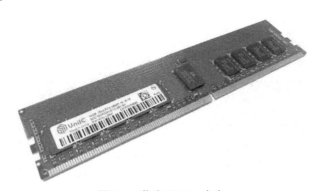

图 3.6　紫光 DDR4 内存

DDR4 的技术特点如下。

（1）频率和带宽：DDR4 显著提高了内存的频率和带宽,支持更高的数据传输速率。其起步频率通常为 2 133 MHz,最高可达 3 200 MT/s,相比 DDR3 有了大幅提升。

（2）数据预取值：DDR4 引入了 Bank Group 设计，每个 Bank Group 可以独立读写数据，提高了数据预取值和内部数据吞吐量。通常 DDR4 采用 8n 预取的 Bank Group 分组，每个 Bank Group 可以独立激活、读取、写入和刷新。

（3）三维堆叠技术（3DS）：DDR4 采用了 3DS 技术来增大单颗芯片的容量，使得单条内存的容量显著提升。这种技术通过堆叠封装的形式，在芯片内部实现多层堆叠，减少芯片面积，提高了产品的集成度和小型化水平。

（4）电压和功耗：DDR4 内存的工作电压降至 1.2 V，相比 DDR3 的 1.5 V 有所降低。同时，DDR4 还采用了多种新技术来降低功耗，如温度补偿自刷新（TCSE）、温度补偿自动刷新（TCAR）和数据总线倒置（DBI）等。

（5）外观设计：DDR4 内存的金手指设计有所改变，变得更加弯曲。这种设计旨在减少内存插入和拔出时的摩擦力，提高稳定性和易用性。

6. DDR5

DDR5 全称为 Double Data Rate 5，是 DDR4 内存的进化版本，进一步提升数据传输速率、带宽和容量，降低功耗，满足了现代计算系统对内存性能的更高要求。DDR5 在 DDR4 的基础上进行了全面升级，采用了全新的架构设计和技术创新。DDR5 的起步频率达到了 4 800 MHz，未来的版本甚至可以达到 6 400 MHz 或更高，相比 DDR4 有了巨大的提升。

DDR5 的技术特点如下。

（1）数据传输速率和带宽：DDR5 通过增加数据流通道和改进数据传输协议，实现了更高的数据传输速率和带宽。这使得 DDR5 能够更快速地响应 CPU 的数据请求，提升系统的整体性能。

（2）内存容量：DDR5 采用了更先进的封装技术，使得单颗芯片的容量得到了进一步提升，有助于构建更大容量的内存条，满足大数据和云计算等应用场景的需求。

（3）工作电压：DDR5 的工作电压进一步降低，有助于减少内存系统的功耗和发热量，对于提高系统的稳定性和可靠性具有重要意义。

（4）On-Die ECC 纠错机制：DDR5 引入了 On-Die ECC（片上错误纠正码）机制，能够在数据读写过程中自动检测和纠正错误，从而提高数据的完整性和可靠性，减少因数据错误导致的系统崩溃和数据丢失等问题。

3.2.4　主流内存厂商简介

（1）现代集团（HYUNDAI）是韩国最大的工业巨头。作为现代集团主力事业群，现代电子于 1983 年成立，当时共有职工 500 名，资本 1 250 万美元。经过 20 多年的发展，目前现代电子已成长为拥有 15 000 名雇员、8.6 亿美元资本的电子工业集团。

（2）金士顿科技公司（Kingston）于 1987 创立，是一家设计和生产用于个人计算机、服务器、工作站、路由器、激光打印机和电子装置的内存、处理器等相关产品的制造公司。如今金士顿已经从单线生产内存组件的制造商，发展为拥有超过 2 000 种产品、销售额约 16 亿美元的跨国公司。

（3）三星（SAMSUNG）电子业务涉及多个领域，主要包括半导体、移动电话、显示器、笔记本电脑、电视机、电冰箱、空调、数码摄像机以及 IT 产品等。三星电子的动态存储器、静态存储器、CDMA 手机、计算机显示器、液晶电视、彩色电视机等近 20 种产品，在国际市场上具有较高的市场占有率，其国际影响力也在逐步提升。

（4）宇瞻（Apacer）一直以来都有着较好的声誉，其 SDRAM 时代的 WBGA 封装技术也响彻一时，在 DDR 内存上也树立了良好形象。宇瞻科技隶属宏碁集团，实力雄厚，早期专注于内存模组营销，并已经成为全球前四大内存模块供应商之一。

（5）威刚（ADATA）于 2001 年成立，是一家专注于 DRAM 及 NAND 型闪存及外围应用产品领域的厂商，其产品线包括内存、闪存盘、闪存卡、SSD 固态硬盘及移动硬盘等。威刚的产品以高性价比和良好的性能表现而受到市场的欢迎。

（6）美商海盗船（Corsair）成立于 1994 年，是世界领先的发烧级 PC 组件和外设供应商，提供内存、U 盘、电源、机箱、散热器等高性能计算机产品。其内存条以高性能和稳定性著称，深受游戏玩家和科技爱好者的喜爱。

（7）芝奇（G.SKILL）成立于 1989 年，是全球领先的内存模块专业制造商，以提供优良的内存产品高质量的服务享誉全球。其产品包括 DDR4、DDR5 等多种类型的内存条，以及针对游戏和高性能计算优化的特殊产品。

除了以上几家厂商外，还有许多其他优秀的内存厂商如英睿达（Crucial）、海力士（Hynix）、金泰克（Tigo）等也在市场上占据一定份额。这些厂商通过不断的技术创新和产品优化，共同推动计算机存储技术的发展。

3.3　硬盘存储器

3.3.1　硬盘存储器简介

硬盘存储器（Hard Disk）主要用于计算机系统中的数据存储，它具有容量大、速度快、可靠性高、几乎不存在磨损等优点，对计算机系统整体性能的影响具有很重要的作用。硬盘外形如图 3.7 所示。

图 3.7　硬盘

3.3.2 硬盘的性能指标

1. 硬盘主轴转速

转速是指硬盘盘片每分钟的转动次数,单位为 r/min(转数每分钟)。转速是硬盘内部数据传输速率决定性因素之一,同时也是区别硬盘档次的主要标志。目前,市场上 IDE 硬盘的主轴转速为 5 400~7 200 r/min,SCSI 硬盘的最高转速达 15 000 r/min。

2. 硬盘容量

硬盘作为计算机最主要的外部存储器,容量是其第一性能指标。硬盘的容量通常以 GB 为单位,现在一般家庭使用的硬盘容量为 500 GB~2 TB。

3. 硬盘速度

(1)平均寻道时间(Average Seek Time)。平均寻道时间是指磁盘在盘面上移动磁头到指定磁道寻找相应数据所用的时间,是衡量硬盘性能的重要技术指标。

(2)平均等待时间(Average Latency)。硬盘的等待时间是指磁头已位于要访问的磁道,等待要访问的扇区旋转至磁头下方的时间。平均等待时间为盘片旋转一周所需时间的一半。

(3)数据传输率(Data Transfer Rate)。硬盘的数据传输率越高,表明其传输数据的速度越快。

4. 硬盘接口

硬盘接口是硬盘与主机系统间的连接部件,负责在硬盘缓存和主机内存之间传输数据。硬盘接口决定了硬盘与计算机之间的连接速度,在整个系统中,硬盘接口的优劣直接影响程序运行快慢和系统性能好坏。硬盘接口分为 IDE、SATA、SCSI 和光纤通道 4 种类型。IDE、SATA 接口硬盘多用于家用产品中,部分也应用于服务器;SCSI 接口的硬盘则主要应用于服务器市场;而光纤通道只用在高端服务器上,价格昂贵。

(1)IDE 接口。IDE 的英文全称为 Integrated Drive Electronics,即电子集成驱动器,它的本意是指将"硬盘控制器"与"盘体"集成在一起的硬盘驱动器。IDE 接口技术从诞生至今一直在不断发展,性能也不断地提高。其具有价格低廉、兼容性强的特点,在个人计算机用户系统中占有举足轻重的地位。

(2)SATA 接口。SATA(Serial ATA)接口的硬盘又称为串口硬盘。SATA 采用串行连接方式。串行 ATA 总线使用嵌入式时钟信号,具备更强的纠错能力。与过去的接口相比,其最大的区别在于能对传输指令和数据进行检查,如果发现错误会自动矫正,从而很大程度上提高了数据传输的可靠性。串行接口还具有结构简单、支持热插拔等优点。

(3)SCSI 接口。SCSI 的英文全称为 Small Computer System Interface(小型计算机系统接口),是与 IDE 完全不同的接口。IDE 接口是普通 PC 的标准接口;而 SCSI 并不是专门为硬盘设计的接口,它是一种广泛应用于小型计算机上的高速数据传输技术。SCSI 接口具有应用范围广、多任务、带宽大、CPU 占用率低和支持热插拔等优点,但较高的价格使得它很难如 IDE 硬盘般普及,因此 SCSI 硬盘主要应用于中、高端服务器和高档工作站。

(4)光纤通道。光纤通道的英文名为 Fiber Channel。与 SCIS 接口类似,光纤通道最初也不是为硬盘设计开发的接口技术,而是为网络系统设计的,但随着存储系统对速度的需求增加,它才逐渐被应用到硬盘系统中。光纤通道硬盘是为提高多硬盘存储系统的速度和灵活性而开发的,它的出现大大提高了多硬盘系统的通信速度。光纤通道的主要特性有支持热插拔、高速带宽、远程连接、连接设备数量大等。

　　5. 硬盘高速缓存

　　与主机高速缓存相似,硬盘也通过将数据暂存在一个比磁盘速度快得多的缓冲区中来提高速度,这个缓冲区就是硬盘的高速缓存。现在家庭常用的硬盘缓存大小一般为64 MB。

3.3.3　硬盘的新技术

　　(1)S.M.A.R.T:该技术的英文全称是 Self-Monitoring Analysis and Reporting Technology,中文意思是自动监测分析报告技术。这项技术使硬盘可以监测和分析其工作状态和性能,并将其显示给用户。用户可以随时了解硬盘的运行状况,遇到紧急情况时能够采取适当措施,确保硬盘中的数据不受损失。采用这种技术以后,硬盘的可靠性得到了很大的提高。

　　(2)IEEE1394:又称为 Firewire 或 P1394 技术。IEEE1394 是一种高速串行总线,现有的 IEEE1394 标准支持的传输速率为 400 Mb/s、800 Mb/s、1 600 Mb/s、3 200 Mb/s 甚至更高,如此高的速率使得它可以作为硬盘、DVD、CD-ROM 等大容量存储设备的接口。尽管 IEEE1394 将来有望取代现有的 SCSI 总线和 IDE 接口,但由于其成本较高和技术上还不够成熟等原因,目前使用 IEEE1394 接口的产品数量较少,尤其是硬盘。

　　(3)GMR 技术:该技术的英文全称是 Giant Magneto Resistance,中文含义是巨磁阻磁头。GMR 技术的磁头与 MR(Magneto Resistive Head,磁阻磁头技术)的磁头一样,是利用特殊材料的电阻值随磁场变化的原理来读取盘片上的数据,但是 GMR 磁头使用了磁阻效应更好的材料和多层薄膜结构,比 MR 磁头更为敏感,相同的磁场变化能引起更大的电阻值变化,从而实现更高的存储密度。现有的 MR 磁头能够达到的盘片密度为 3~5 Gb/in^2,而 GMR 磁头可以达到 10~40 Gb/in^2 以上。

　　(4)RAID 技术:该技术的英文全称是 Redundant Array of Independent Disks,即冗余磁盘阵列技术,它的研制目的是组合小的廉价磁盘来代替大的昂贵磁盘,以降低大批量数据存储的费用。同时也希望采用冗余信息的方式,在某个磁盘失效时确保数据访问不会受损失,从而提供一定水平的数据保护,并适当地提升数据传输速度。

3.4　光盘驱动器

3.4.1　光盘驱动器简介

　　光盘驱动器通常称为光驱,是读取光盘信息的设备,是多媒体计算机不可或缺的硬件配置。光盘具有存储容量大、价格便宜、保存时间长等优点,适宜保存大量数据,如音乐、图像、动画、电影等多媒体信息。

3.4.2　光驱的分类

光驱可分为 CD-ROM 光驱、DVD-ROM 光驱、康宝（COMBO）和刻录机等。

（1）CD-ROM 光驱又称为只读存储器，是一种只读的光存储介质。它是基于原本用于音频 CD 的 DA（Digital Audio）格式发展而来的。

（2）DVD 光驱是一种可以读取 DVD 碟片的光驱，除了兼容 DVD-ROM、DVD-VIDE-0、DVD-R、CD-ROM 等常见的格式外，对于 CD-R/RW（W 代表可反复擦写）、CD-I、VID-EO-CD、CD-G 等都能很好地支持。DVD 光驱如图 3.8 所示。

（3）COMBO 光驱是一种集 CD 刻录、CD-ROM 和 DVD-ROM 于一体的多功能光存储产品。

（4）刻录光驱包括 CD-R、CD-RW 和 DVD 刻录光驱等，其中 DVD 刻录机又分 DVD+R、DVD-R、DVD+RW、DVD-RW 和 DVD-RAM。刻录光驱的外观与普通光驱差不多，只是其前置面板上通常都标识着写入、复写和读取三种速度。DVD 刻录光驱如图 3.9 所示。

（5）DVD 光驱缓存的作用是提供一个高速的数据缓冲区域，将可能被读取的数据暂时保存，然后一次性地进行传输和转换，从而缓解光驱和计算机其他部分速度不匹配的问题。

（6）吸盘式光驱是一种将光驱放到光驱口时，盘被自动吸到光驱里面，进行读取的光驱，一般用于车载系统或高档笔记本电脑。

图 3.8　DVD 光驱

图 3.9　DVD 刻录光驱

光驱的主要性能指标有以下两个。

（1）传输速度：CD-ROM 的一倍速是 150 KB/s，而 DVD-ROM 的一倍速是 1 350 KB/s，16 倍速的 DVD-ROM 的数据传输速度为 $16 \times 1\,350$ KB/s。

（2）容量：CD 光盘容量最大为 700 MB，而普通 DVD 光盘容量为 4.7 GB，双面 DVD 容量为 8.5 GB。

3.5　移动存储设备

3.5.1　USB 闪存存储器

USB 移动闪存盘就是采用内存（Flash Memory）作为存储器的移动存储设备，即通常所说的 U 盘，如图 3.10 所示。

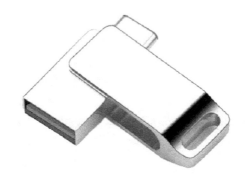

图 3.10　U 盘

U 盘不需要物理驱动器，也不需要外接电源，支持热插拔，使用简单方便，与其他移动存储器相比具有体积小、价格便宜、可靠性高、携带方便等优点。闪存芯片是非易失性存储器，即存储数据不需要电压维持，所消耗的能源主要用在读写数据时。其中闪存芯片作为数据存储单元，它是一种采用非挥发存储技术的高性能存储器，在断电状态下可以永久保存信息。

现在一般的 U 盘容量有多种选择，以满足不同用户的需求。常见的 U 盘容量包括以下几个范围。

1. 小容量 U 盘

（1）容量 1 GB：这种容量的 U 盘在当前市场上已经较少见，因为容量较小，可能仅适合存储少量文档或临时文件。

（2）容量 2 GB 至 8 GB：这类小容量的 U 盘适合存储少量照片、文档或小型软件安装包。

2. 中等容量 U 盘

容量 16 GB 至 128 GB：这是目前市场上较为常见的 U 盘容量范围，适合存储较多的文件、照片、视频或音乐等。特别是对于学生、上班族等日常使用的用户来说，这些容量的 U 盘通常足够满足需求。

3. 大容量 U 盘

（1）容量 25 GB 至 512 GB：随着数据量的不断增加，大容量 U 盘也越来越受到用户的青睐。这类 U 盘适合需要存储大量文件、高清视频、大型软件或游戏等数据的用户。

（2）容量 1 TB 及以上：更大容量的 U 盘则适用于需要存储海量数据或进行大文件传输的用户，如摄影师、视频编辑师等。

需要注意的是，U 盘的实际可用空间可能会因为系统文件、操作系统和其他因素而略有减少。此外，随着技术的不断进步和市场的变化，U 盘的容量也在不断升级和扩展。

用户应根据自己的实际需求和使用场景来选择合适的 U 盘容量。如果只是用于存放一些日常文件或照片，那么中等容量的 U 盘就足够了；如果需要存储大量数据或进行大文件传输，那么就需要考虑选择更大容量的 U 盘了。同时，用户还需要关注 U 盘的品牌、性能、接口类型等方面，以确保购买到符合自己需求的 U 盘产品。

3.5.2 移动硬盘

移动硬盘，是以硬盘为存储介质，方便计算机之间交换大量数据并且强调便携性的存储产品，如图 3.11 所示。

图 3.11 移动硬盘

目前市场上绝大多数的移动硬盘都是以标准硬盘为基础，而只有很少部分是以微型硬盘（1.8 英寸硬盘等）为基础，但价格因素决定了主流移动硬盘还是以标准笔记本硬盘为基础。移动硬盘多采用 USB、IEEE1394 等传输速度较快的接口，可以拥有较高的速度与系统进行数据传输。对于个人组装移动硬盘时应该购买相应移动硬盘的硬盘盒，要是台式机硬盘必须购买 3.5 in 的硬盘盒，笔记本硬盘要购买 1.8 in 的硬盘盒；购买移动硬盘盒时还要注意它是否支持高传输速度，电源是否符合标准。

移动硬盘具有以下优点。

1. 容量大

移动硬盘可以提供给用户相当大的存储容量，同时具有优越的便携性。目前市场中的移动硬盘能提供 320 GB、500 GB、1 TB、2 TB、6 TB 的容量，在一定程度上满足了用户的需求。

2. 传输速度快

移动硬盘大多采用 USB、IEEE1394 接口,能提供较高的数据传输速度。不过移动硬盘的数据传输速率还在一定程度上受到接口速率的限制, USB 1.0/1.1 的最大传输速率为 12 Mb/s; USB 2.0 的最大传输速率高达 480 Mb/s; USB 3.0 理论上为 5 Gb/s,向下兼容 USB 1.0/1.1/2.0;IEEE1394 接口传输速率为 400 Mb/s、800 Mb/s 和 1 600 Mb/s。

3. 体积小、质量轻

移动硬盘体积越小、质量越轻越好,通常 USB 移动硬盘体积与掌上电脑(PDA)的大小相当,质量只有 200 g 左右。

4. 使用方便

现在的 PC 基本配备了 USB 功能,主板通常可以提供 2~8 个 USB 接口。USB 接口已成为个人计算机的必备接口。USB 设备在大多数 Windows 10 及以上操作系统中,都可以免安装驱动程序,具有真正"即插即用"的特性,使用起来灵活方便。

3.6 读卡器

随着数码产品的普及,几乎每个家庭都可能有多个闪存卡。以前的手机、数码相机和数码摄像机与计算机相连以读取闪存卡内的信息时,需要正确地连线、安装驱动程序并运行相应的程序才能实现,而如今可以用读卡器轻松实现。

读卡器一般分为 USB 接口型、PCMCIA 适配器型、IEEE1394 高速接口型等类,其中以 USB 接口型居多。除了接口不同外,可以读的卡也不尽相同,有的读卡器只能读一种卡,这样的产品适合那种只有一种数码存储卡并且对产品售价相对敏感的用户,还有一些可以同时支持很多种存储卡,如市面上的多合一读卡器,兼容性高、用途较广,如图 3.12 所示。

图 3.12 读卡器

实训操作

1. 能正确使用常用存储设备。

2.能正确选用常用存储设备。

小　结

本模块介绍了存储设备。读者学习完以后,可掌握存储器的分类和作用,对存储设备有更加详细的理解和认识。同时本章也对读者采购存储设备时需要注意的事项进行了简单的解释,使读者在采购与使用的过程中对存储设备能够有更为深刻的印象。

习　题

1.台式计算机中经常使用的硬盘尺寸是＿＿＿＿in。

2.光驱包括＿＿＿＿＿＿＿＿＿＿等。

3.存储器按其用途可以分为＿＿＿＿和＿＿＿＿。

4.内存分为＿＿＿＿＿＿和＿＿＿＿＿。

5.USB 1.1 的速率为＿＿＿＿,USB 2.0 的速率为＿＿＿＿＿。

6.硬盘技术指标有哪些?

7.硬盘的接口标准有哪些?

8.什么是 CD-R 和 CD-RW,它们之间有什么区别?

模块 4   显示设备

4.1   显示设备简介

显示设备是计算机正常运行的重要组成部分之一。

4.1.1   显示设备的作用

显示设备的主要作用是接收由主机发出的控制显示系统工作的指令以及显示内容,对 CPU 运行的过程和结果进行相应的处理,并转换为显示器能够接收的文字和图形显示信号,最终通过屏幕显示出来。

目前,显示设备已经成为继计算机运算部件后发展最快的设备部件之一,计算机的图形性能是决定计算机整体性能的一个主要因素。

4.1.2   常用显示设备

常用显示设备包括显示卡和显示器两大部件,且两大部件发展速度很快。

显示卡(Graphics Card)简称"显卡",是显示器与主机通信的控制电路和接口。其作用是将主机的数字信号转换为模拟信号,并在显示器上显示出来。显卡的基本功能是控制图形的输出,它位于 CPU 和显示器之间。显卡的主要部件有显示芯片、RAM-DAC、显示内存、VGA、BIOS、VGA 插座、特性连接器等。显卡的 3 个重要指标是容量、频率和显存位宽。根据总线类型,显卡可以分为 ISA、VESA、PCI、PCI-E、AGP 五种。

显示器(Monitor)是计算机的主要输出设备。它将计算机运行的内容呈现给用户,用户日常工作都需要长期面对计算机显示器。目前市场上显示器品牌繁多,常见的品牌有三星(Samsung)、索尼(Sony)、LG、优派(Viewsonic)、飞利浦(Philips)、宏碁(Acer)、美格(MAG)、EMC 等。根据显像原理,显示器可以分为阴极射线管(CRT)显示器、液晶矩阵平面(LCD)显示器和等离子显示器等。其中,常见的 LCD 显示器为当今的主流。

4.2   显卡

4.2.1   显卡简介

显卡全称显示适配器,也称为图形加速卡,是计算机配件中发展最快的部件之一,显卡负责显示器和主机之间的通信控制图像的生成和输出。它由视频存储器、字符发生器、显示系统 BIOS、控制电路和接口等五部分组成。显卡一般是一块独立的电路板,但也有集成在主板上的版本。独立显卡如图 4.1 所示,集成显卡如图 4.2 所示。

图 4.1　独立的显卡

图 4.2　集成显卡

1. 显卡发展阶段

显卡的发展阶段可以大致划分为以下几个重要时期。

1）早期阶段（MDA、CGA、EGA）

（1）单色显卡适配器（Monochrome Display Adapter，MDA）：最早的显示适配器，只能显示黑白两色，功能极为简单，一般集成 16 KB 显存。

（2）彩色图形适配器（Color Graphics Adapter，CGA）：随着图形界面的需求增加，出现了能识别三原色和黑白的四色适配器。CGA 时代对显卡的要求大幅提高，但显卡仍集成在主板上。

（3）增强图形适配器（Enhanced Graphics Adapter，EGA）：在 CGA 基础上发展而来，分

辨率有所提升,但仍以 TTL 数字信号输出。

2)VGA 时代

(1)视频图形阵列(Video Graphics Array, VGA):VGA 标准采用了模拟信号输出,彩色显示能力大大加强,理论上可以显示无穷多的颜色。VGA 标准的出现催生了 VGA Card,显卡开始独立出来,成为真正意义上的显卡。

(2)VGA Card:最早的独立显卡,例如 ATI 的 VGA Wonder 系列,这些显卡功能比 IBM PC 自身的显示设备更强,为传统个人计算机提供了更高速的图形处理速度。

3)图形加速卡时代

(1)Graphics Card:随着 Windows 操作系统的普及,对图形界面的要求更高,显卡开始具备图形处理能力,将 CPU 从繁重的图形运算中解放出来。如 ATI 的 Mach8,是第一款优化 Windows 图形界面的显卡产品。

(2)多媒体显卡:随着个人计算机进入多媒体时代,显卡集成了简单的视频解码器,如 Mach64,支持 YUV 到 RGB 的颜色转换和硬件缩放,使个人计算机能处理基本的视频播放任务。

4)现代显卡时代

(1)高性能显卡:随着游戏和图形处理需求的不断增加,显卡的性能不断提升,出现了如 NVIDIA 的 GTX 和 RTX 系列,以及 AMD 的 Radeon 系列等高性能显卡。

(2)光线追踪技术:NVIDIA 的 RTX 系列显卡引入了光线追踪技术,使得游戏和图形处理的光照效果更加真实。

(3)核心显卡(核显):随着处理器技术的发展,GPU 被整合到 CPU 中,形成了核心显卡。如英特尔的 Iris 和 Iris Pro 系列,AMD 的内置 Radeon 显卡等。

2. 显卡的分类

显卡可以根据不同的标准进行分类,主要包括以下几种。

1)按芯片厂商分类

(1)NVIDIA 显卡:采用 NVIDIA 芯片的显卡,通常被称为 N 卡,如 GTX、RTX 系列。

(2)AMD 显卡:采用 AMD 芯片的显卡,通常被称为 A 卡,如 Radeon 系列。

2)按独立性分类

(1)独立显卡:单独的组件,插在主板 PCI-E 插槽中,如 NVIDIA RTX3080,扩展性强,性能强大,但耗电较多。

(2)核心显卡:集成在 CPU 内部,规格小,性能有限,但省电且价格较低。

3)按设计分类

(1)公版显卡:英伟达 NVIDIA 与 AMD 官方生产售卖的显卡,设计标准统一。

(2)非公版显卡:其他厂商通过购买英伟达、AMD 的芯片,改造外观、散热等设计方案后发布的显卡,如华硕、微星、技嘉等品牌的显卡。

4)按性能分类

(1)入门级显卡:适合日常办公、网页浏览等轻度使用。

(2)初级显卡:适合轻度游戏和一些图形处理任务。

(3)中高端显卡:适合大型游戏、专业图形处理等高要求场景。

（4）高端显卡：具备顶级性能，适合追求极致游戏体验和有专业图形处理需求的用户。

以上分类仅供参考，实际分类可能因厂商、产品型号和市场需求等因素而有所不同。

3.显卡的结构

1）显卡芯片（GPU）

（1）定义：显卡芯片是显卡的核心部件，包含了 GPU 以及其他相关图形处理单元。GPU 是一种专门用于处理图形和图像操作的处理器，负责执行图形渲染、图像处理等任务。

（2）功能：GPU 通过接收来自 CPU 的指令和数据，进行高效的图形和图像处理，实现高质量的图像输出。

（3）重要参数：流处理器数量、核心工作频率等，这些参数直接决定了 GPU 的工作能力和显卡的性能。

2）显存

（1）定义：显存是显卡中用于存储图像数据的内存，是显卡性能的重要指标之一。显存通常采用图形双数据速率（GDDR）技术，具有较高的带宽和较低的延迟，可以提高图像数据的传输速度和处理效率。

（2）功能：显存用于存储 GPU 处理过或即将被提取的渲染数据，是图形处理过程中的重要缓存区。

（3）重要参数：显存类型（GDDR5、GDDR6）、显存容量、显存位宽、显存频率等，这些参数共同决定了显存的性能和显卡的图形处理能力。

3）PCB 板（印刷电路板）

（1）定义：PCB 板是显卡的主体结构部分，上面集成了显卡芯片、显存、电源接口和其他电子元器件。

（2）功能：PCB 板通过各种电路连接不同组件，实现数据传输和处理功能。它提供了显卡内部各部件之间的电气连接和支撑。

（3）重要性：PCB 板的设计和质量对显卡的稳定性和性能有重要影响。一般来说，PCB 板的层数越多、长度越长、容纳的电气元件越多，显卡的性能越好。

4）散热系统

（1）定义：散热系统是用于保持显卡温度在合理范围内的组件，包括散热风扇、散热片和热导管等。

（2）功能：显卡在工作过程中会产生大量热量，散热系统通过风扇的运转将热量散发到空气中，保持显卡的正常工作温度。

（3）类型：散热系统分为主动散热和被动散热两种。主动散热通过风扇和散热片组合进行散热；被动散热则依赖自然气流和散热片进行散热。

5）电源接口

（1）定义：电源接口是显卡用于接收外部电源供应的接口，通常是一个或多个 6 针或 8 针的电源接口。

（2）功能：电源接口提供显卡所需的电能，确保显卡能够稳定工作。

6）显示接口

（1）定义：显示接口是显卡连接显示器的接口，用于将显卡处理后的图像信号传输给显示器进行显示。

（2）常见类型：包括 VGA、DVI、HDMI、DisplayPort 等。不同的显示接口支持不同的分辨率和刷新率，可以满足不同用户对画面质量的需求。

7）其他组件

（1）金手指：金手指是显卡与插槽的连接部件，所有的信号都是通过金手指进行传输。它的形状代表了显卡的插槽类型。

（2）BIOS 芯片：控制显卡在开机时的初步操作，并提供了基本的驱动程序和设置。

（3）附加功能：如 RGB 灯光、水冷管道、CPU/GPU 监测软件和过载保护等，不同的显卡厂商提供的附加功能各有不同。

显卡的结构复杂且精密，由多个关键部件组成。这些部件共同协作，实现高效的图形和图像处理功能。在选购显卡时，用户可以根据自己的需求和预算选择合适的显卡型号和配置。同时，了解显卡的结构和性能参数也能够帮助用户更好地理解和使用显卡。

4.2.2　显卡的性能指标

衡量显卡的性能指标主要包括以下几项。

1. 显卡核心

显卡核心包括显示芯片型号、芯片位宽、制造工艺等。显示芯片是显示卡的核心部件，主要任务是处理系统输入的视频信息并将其进行构建、渲染等工作。显示芯片的位宽是指显示芯片内部数据总线的位宽，也就是显示芯片内部所采用的数据传输位数，目前主流的显示芯片基本采用了 256 位的位宽，更大的位宽意味着在数据传输速度不变的情况下瞬间所能传输的数据量更大。显示芯片的制造工艺与 CPU 相同，用微米来衡量其加工精度，制造工艺的提高意味着显示芯片的体积更小、集成度更高，可以容纳更多的晶体管，性能更强大，功耗也会降低。

2. 显存规格

显存规格主要包括显存类型、显存容量、显存位宽等。显存也叫作帧缓存，它的作用是用来存储显卡芯片处理过或者即将提取的渲染数据。类似于计算机的内存，显存是用来存储被处理的图形信息的部件。现在市场上显示卡的显存类型有 DDR2、DDR3、DDR4 等。显存容量决定显示卡上本地显存的容量数，其大小决定着显存临时存储数据的能力，在一定程度上也会影响显卡的性能。显存容量从早期的 512 KB、1 MB、2 MB 等极小容量，发展到8 MB、16 MB、……、512 MB，一直到目前主流的 4 GB、8 GB 和高档显卡的 11 GB、24 GB，某些专业显卡甚至已经具有 1 TB 的显存容量。显卡位宽是显存在一个时钟周期内所能传送数据的位数，位数越大则瞬间所能传输的数据量越大。目前市场上的显存位宽有 64 位、128 位和 256 位三种。

3. 显卡接口

显卡接口主要包括总线接口、输出/输入接口。

总线接口是指显卡与主板连接所采用的接口，决定着显卡与系统之间数据传输的最大带宽，也就是瞬间所能传输的最大数据量。不同的接口决定着主板是否能够使用此显卡，只有在主板上有相应接口的情况下，显卡才能使用。显卡发展至今主要出现过 ISA、PCI、

AGP、PCI Express 等几种接口,所能提供的数据带宽依次增加。

输出/输入接口,显卡所处理的信息最终都要输出到显示器上,显卡的输出接口就是计算机与显示器之间的桥梁,它负责向显示器输出相应的图像信号。现在市面上常见的接口有 TV-OUT、VGA、DVI 等。

4.2.3　主流显示芯片

目前,市场上的显示芯片主要分为 NVIDIA 和 AMD 两大主流品牌。这两家公司在图形处理领域具有举足轻重的地位,各自拥有独特的技术优势和广泛的应用场景,以下是对这两类显示芯片的详细描述。

1. NVIDIA 显示芯片

NVIDIA 是全球图形技术和数字媒体处理器的行业领袖。公司创立于 1993 年,总部位于美国加利福尼亚州圣克拉拉市。NVIDIA 设计的 GPU 使个人计算机、工作站和游戏系统能够执行图形密集型应用程序的转换和渲染,同时还在人工智能计算领域发挥重要作用。

1)技术特点

(1)高性能图形处理:NVIDIA 的 GPU 以其强大的并行处理能力而闻名,能够处理复杂的图形渲染任务,为游戏玩家和专业图形工作者提供流畅、逼真的视觉体验。

(2)AI 计算:随着 AI 技术的兴起,NVIDIA 的 GPU 在深度学习、机器学习等领域发挥着重要作用。其 GPU 能够加速神经网络的训练和推理过程,推动 AI 技术的发展。

(3)专业应用:NVIDIA 还推出了针对特定行业需求的 GPU 解决方案,如医疗成像、自动驾驶、科学计算等,以满足不同领域的专业需求。

2)产品系列

NVIDIA 的 GPU 产品系列丰富多样,包括面向游戏玩家的 GeForce 系列、面向专业图形工作者的 Quadro 系列,以及面向数据中心和 AI 计算的 Tesla 系列等。其中,GeForce RTX 系列显卡以其出色的光线追踪技术和实时光线渲染能力而受到广泛关注。

3)市场地位

NVIDIA 在 GPU 市场占据领先地位,其产品在游戏、专业图形、数据中心和 AI 计算等多个领域都有广泛应用。特别是在数据中心 GPU 市场,NVIDIA 以高达 98%的市场份额稳居第一。

2. AMD 显示芯片

ATI 成立于 1985 年,总部位于加拿大安大略省万锦市。在 ATI 被 AMD 收购后,AMD 成为在市场上具有重要影响力的公司,在处理器和性价比方面表现突出,深受消费者喜爱。

1)技术特点

(1)高性能图形处理:AMD 的显卡同样具备强大的图形处理能力,能够支持高分辨率和高帧率的游戏和图形应用。

(2)创新技术:AMD 在图形处理技术方面不断创新,推出了多项具有影响力的技术,如 CrossFire(多 GPU 交火技术)和 Eyefinity(多显示器技术)等。

(3)广泛兼容性:AMD 显卡与多种操作系统和平台兼容,能够满足不同用户的需求。

2)产品系列

AMD 显卡的产品系列包括面向游戏玩家的 Radeon 系列、面向专业图形工作者的 Fire-Pro 系列等。其中,Radeon 系列显卡以其出色的性能和性价比而受到广大游戏玩家的喜爱。

3)市场地位

虽然 AMD 显卡在市场份额上可能略逊于 NVIDIA,但其在图形处理领域同样具有强大的竞争力和广泛的影响力。AMD 显卡以其独特的技术优势和广泛的应用场景赢得了众多用户的青睐。

NVIDIA 和 AMD 是市场上两大主流的显示芯片品牌。它们各自拥有独特的技术优势和广泛的应用场景,在图形处理和 AI 计算等领域发挥着重要作用。随着技术的不断进步和应用场景的不断拓展,这两家公司的显示芯片产品将继续引领行业的发展潮流。

4.3 显示器

显示器是计算机中最重要的输出设备。显示器是将电信号转换成可视光信号的设备,作为计算机的"脸面",它是用户与计算机沟通的主要界面。对于显示器,不但要注重其性能,更应该注重其对健康的影响。

4.3.1 显示器的分类

从制造显示器的器件或工作原理来分,显示器有多种类型,目前市场上的显示器主要分为以下几类:CRT 显示器、LCD 显示器、OLED 显示器、PDP 显示器、曲面屏显示器投影仪。常见的 LCD 显示器的外观如图 4.3 所示。

图 4.3 常见的 LCD 显示器

4.3.2 LCD 显示器

LCD 显示器就是平时所说的液晶显示器。液晶显示器利用液晶的物理特性(通电时导通,分子排列有序,使光线容易通过;不通电时分子排列混乱,光线不易通过)和相关技术制成的显示设备。

1. LCD 显示器的分类

LCD 显示器可分为扭曲向列型(TN-LCD)、超扭曲向列型(STN-LCD)和薄膜晶体管(TFT-LCD)等几种。其中 TFT-LCD 已成为 LCD 发展的主要方向,使 LCD 进入高画质真彩图像显示的新阶段。TFT 是指薄膜晶体管,每个液晶像素点都由集成在像素点后面的薄膜晶体管驱动,从而能够以高速度、高亮度、高对比度显示屏幕信息,分辨率也达到了前所未有的高度。TFT 可以达到 64 K 或 16 M 种色彩,色彩鲜艳,是目前最好的 LCD 彩色显示设备之一。TFT 具有低工作电压、功耗小、质量轻、厚度小、适于大规模集成电路直接驱动并易于实现全彩色显示的优点,广泛应用于便携式计算机、数码相机及 PDA 移动通信工具等。

2. LCD 显示器工作原理

TFT 液晶显示器由多层叠加而成,两面的最外层是透明度极高的玻璃层,在玻璃层中间是薄膜电容,生成红、绿、蓝三原色所需的色彩滤镜和液晶层。有一个荧光背光源从屏幕后面照射,完成液晶显示器的显示效果。对液晶层施于各种不同电压,液晶中的晶体就朝不同方向偏转,令液晶层形成不同的透光性。在彩色 LCD 面板中,每一个像素都由三个液晶单元格构成,其中每一个单元格前面都分别有红色、绿色和蓝色的过滤器。这样,控制红、绿、蓝三个色点的电压,让不同浓度的三色混合,通过不同的单元格的光线就可以在屏幕上显示出不同的颜色。

3. LCD 显示器性能指标

LCD 显示器有以下几个重要性能指标,在选用时应予重点考虑。

(1)尺寸:常见主流尺寸为 19 in、24 in 和 27 in。

(2)点距:0.9~20 mm。

(3)显示分辨率:1920 × 1080 或 3840 × 2160。

(4)刷新频率及行频:刷新频率为 960~3840 Hz;行频为 60~192 kHz。

(5)对比度:常见的对比度为 1000 : 1~3000 : 1,对比度越高越好。

(6)颜色:常见的色彩位数有 18 位和 24 位,该值越大色彩越逼真。

(7)视角:水平 120° 或 160°;垂直 100° 或 150°。

(8)接口技术:15 针 D 型插座、DVI 数字接口、USB 接口、DP 接口、SDI 接口。

(9)辐射和环保:建议用 TC099 认证且具有 OSD 功能的 LCD。

(10)响应时间:常见的响应时间为 6~20 ms,响应时间越短越好。

实训操作

1. 正确选用和识别显卡。
2. 正确选用显示设备。

小 结

本模块主要对显示设备中常见的显示器和显卡进行了介绍,包括两者的具体分类和相关参数。通过本章的学习,使读者对显示设备有了较为深入的了解。

习　题

1. 显卡的作用是什么?
2. 显卡的主要性能指标有哪些?
3. 显示器的分类有哪些?
4. LCD 显示器的性能指标有哪些?

模块 5　辅助设备

5.1　机箱与电源

机箱和电源是计算机整体的必备配件,它们相互配合,通常一起进入市场销售。

5.1.1　机箱

机箱为主板、电源、硬盘、软驱和光驱等设备提供了安装空间。按照外形,机箱可分为立式和卧式两种。现阶段计算机采用立式机箱的比较多,立式机箱不受高度限制,为板卡的扩充提供了很好的空间,也便于机箱内部散热。按照机箱的结构,分为 AT 式机箱和 ATX 式机箱。

1. AT 式机箱

在 ATX 机箱出现前,早期计算机箱都是 AT 式 , AT 式机箱采用 AT 电源和 AT 式主板相匹配。AT 主板上只有一个键盘插孔,其他 I/O 接口,例如串、并行接口都需要通过其他板卡和连线与主板连接,从而导致机箱内部空间混乱。

2. ATX 式机箱

ATX 主板上除了具有键盘插孔外,还将串行通信和并行打印口也集成到主板上。这样简化了机箱内部结构,从而提高了系统的可靠性。所以, ATX 式机箱比 AT 式机箱更加合理。ATX 式机箱如图 5.1 所示。

图 5.1　ATX 式机箱

目前市场上,主要以 ATX 式机箱为主。

5.1.2　电源

电源是计算机的动力之源,是向计算机提供电力的必要装置。随着计算机技术的发展,电源也随之更新。

1. AT 电源

AT 电源与 AT 主板配合使用,电源功率一般为 150~250 W,提供 5 V 和 12 V 的工作电压。

2. ATX 电源

Intel 在 1997 年推出 ATX 2.01 标准后,ATX 电源逐渐普及。与 AT 电源相比,ATX 电源增加了 3.3 V 和 5 V 两路电压。在 Intel 发布了 Pentium 4 处理器后,为了配合其巨大的耗电量,推出了 ATX 12 V 的电源标准。 ATX 式电源如图 5.2 所示。

图 5.2　ATX 式电源

5.2　鼠标与键盘

随着计算机技术的不断发展,其输入设备也越来越多,但最常使用的输入设备还是鼠标、键盘。

5.2.1　鼠标

微软推出 Windows 操作系统,鼠标作为输入设备的作用越来越重要。用户可以根据自己的需要去操作鼠标完成很多事情。

鼠标的分类方法很多,通常按照接口类型、内部构造进行分类。

1. 按接口分类

计算机鼠标按照接口类型,分为 COM 接口鼠标、PS/2 接口鼠标和 USB 接口鼠标。

（1）COM 接口鼠标。COM 接口鼠标在早期使用较多，又称为串口鼠标。它主要用于 AT 式主机，通过串行口与计算机相连，常见有 9 口和 25 口。 COM 接口鼠标如图 5.3 所示。

图 5.3　COM 接口鼠标

（2）PS/2 接口鼠标。PS/2 鼠标通过 6 针的 DIN 接口与计算机主板上的 PS/2 接口相连。其特点是在灵敏度和分辨率上较其他有所提高，但不可带电插拔。PS/2 接口鼠标如图 5.4 所示。

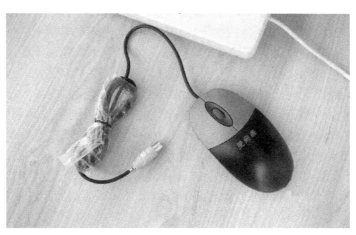

图 5.4　PS/2 接口鼠标

（3）USB 接口鼠标。随着计算机技术的发展，USB 接口的外设越来越多，USB 接口鼠标也给计算机带来了很多便捷，USB 鼠标支持热插拔。USB 接口鼠标如图 5.5 所示。

（4）无线鼠标。无线鼠标是为了适应大屏幕显示器而生产的。所谓"无线"，即没有电线连接，而是采用包括蓝牙、WiFi 等多种无线通信方式。

图 5.5　USB 接口鼠标

2. 按内部构造分类

按照鼠标的内部构造,鼠标可分为机械式和光电式两大类。

(1)机械式鼠标。机械式鼠标是最早出现的鼠标。其工作原理是在机械式鼠标底部有一个可以自由滚动的胶制小球,在球的前方及右方装有两个互成 90° 的内部编码器滚轴。移动鼠标时小球随之滚动,并带动旁边的编码器滚轴。前方的滚轴代表前后滑动,右方的滚轴代表左右滑动,两个滚轴一起移动则代表非垂直及水平的滑动。编码器由此识别鼠标移动的方向和距离,产生相应的电信号发送给微机,以确定光标在屏幕上的正确位置。若按下鼠标按键,则会将按下的次数及按下时光标的位置发送给计算机。计算机及软件接收到此信号后,则可依此进行工作。

(2)光电式鼠标。光电式鼠标因为其定位精度、防尘性能好,而成为现在计算机的主流鼠标。光电式鼠标的工作原理是利用一块特制的光栅板作为位移检测元件,光栅板上方格之间的间距为 0.5 mm;鼠标内部有一个发光元件和两个聚焦透镜,发射光经过聚焦透镜后从底部的小孔向下射出,照在鼠标器下面的光栅板上,再反射回鼠标器内;在光栅板上移动鼠标器时,由于光栅板上有明暗相间的条纹,使反射光有强弱变化,鼠标器内部将强弱变化的反射光变成电脉冲,对电脉冲进行计数即可测量出鼠标器移动的距离。

5.2.2　键盘

键盘是输入设备中最为常见的一种,是用户向计算机发布命令和输入数据的必备工具。在计算机录入工作中,键盘发挥了其他设备无法替代的作用。

键盘的分类有很多方式,其中有按功能分类、按接口分类和按键的个数分类等。

1. 按功能分类

按功能分类,键盘大致分为以下三种类型。

(1)标准商用键盘。它是市场上最常见的键盘,各厂家生产标准键盘的尺寸、外观、布局上基本相同。

(2)多功能键盘。多功能键盘其实有很多种。最简单的是在普通 104 键键盘上增加多功能键,来完成如 CD/DVD 播放控制等功能。有些还增加了 IE 浏览功能。

（3）人体工程学键盘。与标准键盘不同的是,人体工程学键盘造型比较特殊,键盘按指法规定的左手键区和右手键区两大板块分开,并形成一定角度,使操作者在使用时可以保持一种舒适的姿态。有些人体工程学键盘底下增加了护手托盘,以减少手腕长期悬空导致的疲劳。

2. 按接口分类

按接口分类,键盘可以分为 AT 接口、PS/2 接口、USB 接口和无线键盘等。

（1）AT 接口键盘。AT 接口键盘又称"大口"键盘,主要用于早期 AT 主板上。随着 AT 主板的消退,此种键盘也越来越少见。

（2）PS/2 接口键盘。PS/2 接口键盘是使用最普遍的键盘。它通过主板上的 PS/2 接口与计算机连接。

（3）USB 接口键盘。随着 USB 技术的发展,USB 键盘借助 USB 接口的优势,现已成为计算机键盘的发展趋势。

（4）无线键盘。无线键盘是通过红外线或者无线电波将输入信息传送给特制的接收器,工作时由接收器接收信息,而不需要将键盘接线到计算机。一般无线键盘的有效范围为 3 m 以内。由于这种键盘使用电池供电,所以电池用量大,价格昂贵。

3. 按键盘的按键个数分类

电脑键盘按按键个数分为 84 键、101 键、102 键、104 键等。

（1）84 键键盘。这种键盘用在早期的计算机上,类似于英文打字机的键盘。

（2）101 键键盘。这种键盘是在 84 键盘的基础上增加了控制键。

（3）102 键键盘。在 101 键盘上多加了一个用于切换多国文字的键。

（4）104 键键盘。微软在 101 键的基础上,增加了 Windows 9X 加速键,用于快速调出系统菜单,将键盘上的键数增加到 104 个。

5.2.3 鼠标与键盘的选购

鼠标和键盘都是计算机常用的输入设备,在选购时应考虑以下因素。

1. 鼠标的选购

（1）接口形式。现在的计算机外设越来越多,接口资源趋于紧张,因此在选择鼠标的时候,如果主板支持 PS/2 接口,则尽量购买 PS/2 接口鼠标。

（2）功能。对于不同的使用群体,可选择不同功能的鼠标。初学者可选用标准的双键或三键鼠标;专业设计人员可选择精度较高的光电鼠标;对于经常上网的网友来说,可以采用滚轮或者具有相似装置的鼠标,以提高浏览速度。

（3）灵敏度。灵敏度是鼠标性能的一个重要因素,用户在选择时应注意这点。选择一款灵活自如、行程短、用力均匀的鼠标能大大提高工作效率。

2. 键盘的选购

（1）接口形式。根据主板的接口选择键盘的插头。AT 主板选择"大口",ATX 主板配"小口"。现在也可以选择 USB 接口的键盘或者无线键盘。

（2）做工。做工比较好的键盘大都采用激光印字键帽。使用这种工艺,键盘上的印字即使在手指长时间地敲击之后也不会褪色。劣质的键盘,在使用几个月后键盘上的印字就会逐渐褪色,甚至消失。许多高级键盘还具有防水功能。

(3)手感和舒适度。手感和舒适度是挑选键盘最关键的一点,也是衡量键盘好坏的标准之一。

5.3 声卡与音箱

随着计算机技术的发展,多媒体计算机已经成为一个重要发展趋势。多媒体是计算机将文字处理技术、图形图像技术、声音技术等与影视处理技术相结合的产物。本节要介绍的声卡和音箱正是声音技术中必不可少的设备。

5.3.1 声卡

声卡又称声音卡。早期计算机并没有声卡,随着多媒体技术的发展,人们对于枯燥无声的计算机已经无法忍受,在 1991 年提出的多媒体计算机(MPC)的配置中,声卡被作为多媒体计算机的标准配件。现在市面上的声卡大致分为集成声卡和独立声卡两种。

下面以数字声卡为例,介绍声卡的基本结构。声卡如图 5.6 所示。

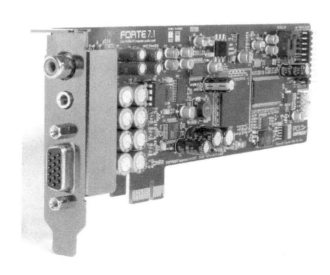

图 5.6 声卡

声卡通过 PCI 接口与主板相连,在图 5.6 中声卡左侧可以看到 1 路 3.5 mm 麦克风输入接口,1 路 3.5 mm 线路输入接口,1 路 CD In_4 pin 输入接口,1 组 RCA 立体声模拟输出接口,1 路光纤输出接口(Tos Link),1 路 RCA 同轴数字输出接口。

1. 声卡的工作原理

声卡是实现声波和数字信号相互转换的硬件。首先声卡从话筒中获取声音的模拟信号,通过模/数(A/D)转换器,将声波振幅信号采样转换成数字信号,存储到计算机中;当播放声音的时候,这些数字信号被送到数/模(D/A)转换器,以同样的采样速率还原为模拟波形,待放大后送到扬声器发声。

2. 声卡的选购

对于计算机配件的选择,应该遵循实用原则。因此,在购买计算机选择声卡的时候,首先明确准备用声卡完成什么样的任务,查看声卡的技术指标和功能是否符合需求,以便根据自己的需要选购最合适的声卡。

5.3.2　音箱

音箱作为多媒体计算机的标准配件之一,在音频领域中起着非常关键的作用。随着声卡技术的不断进步,中高档的音箱成为新宠出现在人们的电脑桌旁。要享受 DVD 和动态 3D 游戏带来的音频冲击,音箱不能忽略。

1. 音箱的类型

根据音箱是否带有功率放大功能,可把音箱分为有源音箱和无源音箱。无源音箱即自身不带放大器的音箱,由喇叭及其箱体组成,声卡的 SPK 插孔通常可输出每声道 2~4 W 的功率,可直接推动立体声耳机或无源音箱。有源音箱是内部有放大器的音箱,由外壳、电源、功放电路和扬声器单元等组成,外观主要为木制或塑料制品。木制音箱比塑料音箱有更好的抗谐振性能,对不同频率的声波吸收和反射性能较好,扬声器可承受的功率更大,体积不受限制。在造型上塑料音箱可以做得很好,体积相对较小,且可承受的扬声器功率也相对较小。常见的音箱外观如图 5.7 所示。

图 5.7　音箱

2. 音箱的性能指标

多媒体音箱的性能指标主要有以下几个。

(1)输出功率。它决定了音箱所能发出的最大声音强度,决定了音箱的震撼力。音箱的功率由音箱所用放大器芯片功率和变压器功率决定。输出功率又有额定(连续)功率和峰值(最大)功率之分。额定功率是指在额定频率范围内给扬声器一个规定了波形的持续模拟信号,在一定时间间隔并重复一定次数后,扬声器不发生任何损坏的最大电功率;峰值功率是指扬声器短时间所能承受的最大功率。在选购多媒体音箱时应以额定功率为准。音箱的功率越大越好,但应以够用为原则。

（2）频率范围与频率响应。频率范围是指音箱最低有效回放频率与最高有效回放频率之间的范围,单位为赫兹(Hz)。频率响应是指将一个以恒电压输出的音频信号与音箱系统相连接时,音箱产生的声压随频率的变化而发生增大或衰减,相位随频率而发生变化的现象,这种声压和相位与频率的相关联的变化关系称为频率响应,单位为分贝(dB)。频率响应范围越宽,音箱的性能越好,但生产难度也越大,成本自然就越高。

（3）信噪比和灵敏度。信噪比是指音箱回放正常声音信号强度与噪声信号强度的比值。信噪比低时,小信号输入时噪声严重影响音质。灵敏度是衡量音箱性能的一个技术指标,灵敏度越高,音箱对弱小信号的反应能力越强。

（4）谐波失真。谐波失真是指声音回放中增加了原信号没有的高次谐波成分而导致的失真。失真度在音箱与扬声器系统中尤为重要,直接影响到音质、音色的还原程度,所以这项指标与音箱的品质密切相关。谐波失真常以百分数表示,数值越小表示失真度越小。显然,该指标越小越好。

（5）输入接口和特殊音效。输入接口关系到音箱是否支持多声道音频信号的同时输入,是否有接无源环绕音箱的输出接口,是否支持 USB 输入或其他的数字输入形式。目前硬件的 3D 音效技术大多运用的是 SRS、APX、Spatializer 3D、Q-SOUND、Virtaul Dolby 和 Ymersion 等几种。此外还有两种音效增强技术:有源机电伺服技术和 BBE 高清晰高原音重放系统技术。它们对改善音质也有一定的效果。

5.4　打印机

随着计算机输出设备的快速发展,打印机逐渐成为组装计算机时不可缺少的部分。打印机在微机系统中是可选件,利用打印机可以打印出各种资料、文书、图形和图像等。本节介绍的是打印机的相关知识。

打印机是计算机系统中常用的输出设备之一,根据打印机的工作原理,可以将打印机分为激光打印机、喷墨式打印机、点阵打印机、热转印打印机、3D 打印机、多功能一体机等。

5.4.1　激光打印机

激光打印机是非击打式打印机,工作速度快,文字分辨率高,作为输出设备主要用于平面设计、广告创意、服装设计等。它是激光扫描技术与电子照相技术相结合的产物。激光打印机具有最高的打印质量和最快的打印速度,可以输出漂亮的文稿,也可以输出直接用于印刷制版的透明胶片,但购置费用和消耗费用都比较高,因此一般多用于高档次的桌面印刷系统。常见的激光打印机如图 5.8 所示。

图 5.8　常见的激光打印机

1. 激光打印机的组成

激光打印机由激光扫描系统、电子照相系统和控制系统三部分组成。

（1）激光扫描系统包括激光器、偏转调制器、扫描器和光路系统。它的作用是利用激光束的扫描形成静电潜像。

（2）电子照相系统由光导鼓、高压发生器、显影/定影装置和输纸机组成。其作用是将静电潜像变成可见的输出。

（3）激光打印机的印刷原理类似于经典复印，所不同的是静电复印是采用对原稿进行可见光扫描形成潜像，而激光打印机是将计算机输出的信息经调制后的激光束扫描成潜像。

2. 激光打印机的工作原理

激光打印机是利用电子成像技术进行打印。当调制激光束在硒鼓上沿轴向进行扫描时，按点阵组字的原理使鼓面感光，构成负电荷阴影，当鼓面经过带正电的墨粉时，感光部分就吸附上墨粉，然后将墨粉转印到纸上，纸上的墨粉经加热熔化形成永久性的字符和图形。工作过程包括数据传输、语言翻译、生成隐形图、上色和固化墨粉等。

3. 激光打印机性能指标

（1）打印速度。激光打印机按照输出汉字的速度分为低、中、高、超高四档，目前最快的分页纸印刷打印机的速度超过 135 ppm（页数/每分钟）。

（2）分辨率。激光打印机的打印质量一般用分辨率来表示。目前国内市场上的激光打印机的价格随其分辨率、引擎速度和幅度等的不同而有很大差别。

（3）工作噪声。非击打式打印机的工作噪声均在 60 dB 以下。

（4）寿命。墨粉盒寿命一般为 6 000 张，感光鼓寿命一般为 6 000~10 000 张。

（5）输入数据缓冲区。激光打印机的输入数据缓冲区一般在 1~6 MB，有的扩大到 16 MB。

5.4.2　喷墨式打印机

喷墨式打印机的打印头由几百个细小的喷墨口组成,当打印头横向移动时,喷墨口可以按一定的方式喷射出墨水,打到打印纸上,形成字符、图形等。其外形如图 5.9 所示。

图 5.9　常见的喷墨式打印机

1. 喷墨式打印机的分类

喷墨式打印机按喷墨的形式可分为液态喷墨和固态喷墨两种。液态喷墨打印机是让墨水通过细喷嘴,在强电作用下以高速墨水束喷在纸上形成文字和图像。固态喷墨打印机使用的相变墨在室温下是固态,打印时墨被加热液化后喷射到纸上,并渗入其中,附着性很好,色彩也极为鲜亮,打印效果有时甚至超过热蜡式打印机。喷墨打印机除用透明胶片外可以使用包括普通纸在内的所有纸张。

2. 喷墨式打印机的性能指标

喷墨式打印机的性能指标有以下几个。

（1）打印速度。喷墨式打印机的打印速度一般以每分钟打印的页数计算。有些打印机已经带有字库,所以打印速度比较快。

（2）分辨率。打印机的打印质量一般用分辨率来表示,即每英寸可打印的最高点数（dpi）。分辨率值越高打印效果越好。

（3）色彩饱和度。色彩饱和度指色彩在点内的充满程度。喷墨式打印机因为液滴喷射形成墨点,只要打印介质适当,其色彩饱和度一般都很好。

（4）其他技术指标。包括工作噪声和寿命等。

5.4.3　点阵式打印机

点阵式打印机又称针式打印机,是利用打印头内的点阵撞针撞击打印色带,在打印机上产生打印效果。其外形如图 5.10 所示。

图 5.10 常见的点阵式打印机

1. 点阵式打印机的分类

（1）按打印头的针数来分。针数就是指打印头中撞针的排列方式和数量。针数越多，打印效果越好。

（2）按打印纸宽度来分。打印机所使用的纸张一般有 80 列和 132 列两种。80 列与 A4纸尺寸相近，132 列与 A3 纸尺寸相近。

（3）根据色彩来分。打印机所用的色彩一般都是黑色的。但是有的点阵式打印机可以用多色的色带来打印各种色彩，这种色带一般有黑、蓝、红、黄四种颜色，通过组合可以打出多种颜色。

2. 点阵式打印机的性能指标

点阵式打印机的性能指标有以下几个。

（1）打印速度。串行打印速度通常以"字/秒"为单位，并行打印速度则以"行/分"为单位。

（2）分辨率。一般点阵式打印机的分辨率是 600 × 600 dpi。

（3）色彩饱和度。点阵式打印机因价格因素和结构特性，其油墨、色带材料的精细程度不够，使得色彩饱和度较差。

（4）打印精度和寿命。点阵式打印机的打印精度远远落后喷墨、激光等技术，但在一些特定场景，如邮政、物流出租车、税务、银行中的票据打印中仍占主统。使用寿命也比较长。

（5）输入数据缓冲区。输入数据缓冲区指安装在打印机内部的存储器，相当于计算机的内存。目前 24 针打印机的缓冲区一般在 2~40 KB，也有 128 KB 的。

5.4.4 热转印打印机

热转印作为一种特殊的打印技术，其核心在于独特的打印原理和材料使用。与传统的喷墨或激光打印不同，热转印打印机依赖于热转印色带和加热元件的组合来实现打印过程。色带通常由一层基材、一层黏合剂以及一层或多层彩色颜料层组成，这些颜料层在受热时会发生熔化或升华,从而将颜色转移到打印介质(如标签纸、布料等)上。热转印打印机如图5.11 所示。

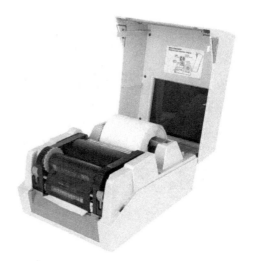

图 5.11 热转印打印机

热转印打印机在打印过程中,打印头内的加热元件会根据打印数据选择性地加热,使热转印色带上的对应颜色区域熔化或升华。随后,打印介质(通常是标签纸或特定材料)被压紧在色带上,通过机械或热压的方式,使熔化的颜料或升华的颜料气体牢固地附着在介质表面。随着打印头的移动,整个打印过程重复进行,最终在介质上形成所需的图像或文字。热转印打印机具有以下优点。

(1)耐磨损、耐水、耐油。由于热转印技术使得颜料能够深入介质表面甚至与其发生化学反应,因此打印出的标签、条码等具有较高的耐磨性、防水性和耐油性,非常适合在恶劣环境下使用。

(2)打印效果清晰。热转印打印机通常具有较高的打印分辨率,能够呈现出细腻、清晰的图像和文字,满足对打印质量有较高要求的场合。

(3)持久性强。热转印打印出的内容不易褪色或脱落,能够在长时间内保持良好的视觉效果。

(4)应用广泛。由于其独特的性能特点,热转印打印机被广泛应用于产品标识、包装印刷、服装印花、条形码制作等多个领域。

5.4.5　3D 打印机

3D 打印机是一种革命性的制造技术,打破了传统制造方式的局限,通过逐层堆叠材料来构建三维物体。这种技术被称为增材制造技术(Additive Manufacturing,AM),它允许设计师和制造者以极高的自由度来创造复杂且精确的三维结构。3D 打印机如图5.12 所示。

图 5.12　3D 打印机

3D 打印过程通常涉及以下几个关键步骤。首先,通过计算机辅助设计(CAD)软件创建或获取三维模型。然后,将该模型转换为打印机可以理解的格式(如 STL 文件)。最后,打印机根据模型数据逐层构建物体。在每一层中,打印机会选择性地添加材料(如塑料丝、金属粉末等),通过加热、固化或黏合等方式将这些材料固定在一起。随着层数的增加,最终形成一个完整的三维物体。3D 打印机具有以下优点。

(1)设计自由度高。3D 打印技术允许设计师以极高的自由度来构思和创造三维结构,无需受到传统制造方式中模具、刀具等限制。

(2)材料多样性。3D 打印机可以使用多种材料进行打印,包括塑料、金属、陶瓷、生物材料等,这为制造具有特定性能和功能的物体提供了可能。

(3)制造速度快。相比传统制造方式,3D 打印在某些情况下能够更快地生产出原型或最终产品。

(4)降低成本。对于小批量或定制化生产而言,3D 打印能够显著降低生产成本和时间。

(5)应用领域广泛。3D 打印技术已广泛应用于原型设计、模具制造、医疗器械、航空航天、汽车制造、艺术品创作等多个领域。

5.4.6　多功能一体机

多功能一体机(MFP)是现代办公环境中不可或缺的设备,它集成了打印、复印、扫描、传真等多种功能于一体,极大地提高了办公效率和空间利用率。

MFP 可以根据内置的打印机类型(如喷墨或激光)进行高质量的文件打印。用户可以根据需要,选择合适的打印模式和纸张类型,以满足不同的打印需求。通过扫描原件并立即打印出副本,MFP 能够轻松实现复印功能。用户可以调整复印的份数、缩放比例等参数,以获得所需的复印效果。将纸质文档或照片转换为数字格式是 MFP 的另一项重要功能。扫描后的文件可以保存为多种格式(如 PDF、JPEG 等),并通过电子邮件、云存储等方式进行共享和传输。多功能一体机如图 5.13 所示。

尽管在数字通信日益普及的今天,传真功能的使用频率有所下降,但一些 MFP 仍然保留了这一功能以满足特定需求。用户可以通过 MFP 发送和接收传真文件,实现远程通信和文件传输。

图 5.13 多功能一体机

多功能一体机具有以下优点。

（1）提高办公效率。通过集成多种功能于一体，MFP 减少了设备占用空间和操作复杂性，提高了办公效率。

（2）节省成本。相比单独购买多个设备而言，购买一台多功能一体机可以节省一定的成本。

5.5 扫描仪

扫描仪是一种光机电一体化设备，是继键盘、鼠标之后的又一代计算机输入设备，通常将扫描仪用于各种形式的计算机图像、文稿的输入。

5.5.1 扫描仪的分类

扫描仪的产品种类很多，按不同的标准可分成不同类型。按扫描原理将扫描仪分为以 CCD 为核心的平板式扫描仪和以光电倍增管为核心的滚筒式扫描仪；按与计算机的接口分为 USB 接口、并行接口、SCSI 接口和专用接口等。常用扫描仪如图 5.14 所示。

图 5.14 常用扫描仪

5.5.2　扫描仪的性能指标

选购扫描仪首先要看扫描仪的主要技术指标:光学分辨率、色彩深度、灰度值、感光元件、接口方式等。

光学分辨率。光学分辨率是扫描仪最重要的性能指标之一,它直接决定了扫描仪扫描图像的清晰程度。扫描仪的分辨率通常用每英寸长度上的点数,即 dpi 来表示。另外,除了光学分辨率之外,扫描仪的包装箱上通常还会标注一个最大分辨率,这实际上是通过软件在真实像素点之间插入经过计算得出的额外像素,从而获得的差值分辨率。

色彩深度、灰度值。扫描仪有自己的色彩深度值,较高的色彩深度位数可以保证扫描仪反映的图像色彩与实物的真实色彩尽可能一致,而且图像色彩会更加丰富。灰度值是指进行灰度扫描时对图像由纯黑到纯白整个色彩区域进行划分的级数,例如灰度值为 8 bit,即256 级。

感光元件。目前扫描仪所使用的感光器有三种:电荷耦合器(CCD)、光电倍增管和接触式感光器件(CIS 或 LIDE)。接触式感光器件存在着不足,因为不能使用镜头,只能贴近稿件扫描,其实际清晰度远远达不到标称值,而且没有景深,不能扫描立体物体。

接口方式。扫描仪的接口是指与主机的连接方式,通常分为 SCSI、EPP、USB 三种,后两种是新型接口。USB 接口更为方便,支持热插拔。

5.6　摄像头

摄像头(Camera)又称为电脑相机、电脑眼等,如图 5.15 所示。它作为一种视频输入设备,在过去被广泛运用于视频会议、远程医疗及实时监控等方面。近年以来,随着互联网技术的发展,网络速度的不断提高,再加上感光成像器件技术的成熟并大量用于摄像头的制造上,使得它的价格降到普通消费者可以承受的水平。现在,普通人也可以彼此通过摄像头在网络进行有影像、有声音地交谈和沟通。另外,人们还可以将其用于当前各种流行的数码影像、影音处理等领域。

图 5.15　常用摄像头

5.6.1　摄像头的分类

摄像头分为模拟摄像头和数字摄像头两大类。

模拟摄像头可以将视频采集设备产生的模拟视频信号转换成数字信号,进而将其储存在计算机里。模拟摄像头捕捉到的视频信号必须经过特定的视频捕捉卡将模拟信号转换成数字模式,并加以压缩后才可以转换到计算机上运用。

数字摄像头可以直接捕捉影像,然后通过串、并接口或者 USB 接口传到计算机里。现在计算机市场上的摄像头基本以数字摄像头为主,而数字摄像头中又以使用新型数据传输接口的 USB 数字摄像头为主,目前市场上可见的大部分都是这种产品。除此之外,还有一种与视频采集卡配合使用的产品,但目前还不是主流。

由于个人计算机的迅速普及,模拟摄像头的整体成本较高,并且 USB 接口的传输速度远远高于串、并接口的速度,因此现在市场上的主流热点是 USB 接口的数字摄像头。以下介绍的内容主要涉及 USB 接口的数字摄像头。

5.6.2　摄像头的工作原理

摄像头的工作原理是景物通过镜头生成的光学图像被投射到图像传感器的表面,图像传感器将光信号转换为电信号;然后经过 A/D 转换器后将这些信号转换数字图像信号,再送到数字信号处理芯片(DSP)中加工处理;最终,通过 USB 接口传输到计算机中处理,用户即可通过显示器看到图像。

5.6.3　摄像头的主要技术指标

1. 图像解析度

摄像头的图像解析度(或称分辨率)主要分为以下几类。

(1)高清(High Definition,HD)指的是高于标准清晰度的视觉效果。常见的高清摄像头分辨率有 720 p 和 1 080 p 两种,其中 720 p 的分辨率为 1 280×720,1 080 p 的分辨率为 1 920×1 080。这两种分辨率适用于一般的监控场景,如家庭、办公室、商场等。

(2)全高清(Full High Definition,Full HD)指的是分辨率为 1920×1080 的高清分辨率,与 1 080 p 分辨率相同。全高清分辨率提供了更加清晰、细腻的画面效果,适用于高要求的监控场景,如银行、医院、博物馆等。

(3)4 K 分辨率也称超高清分辨率(Ultra High Definition,UHD),指的是分辨率比全高清高出一倍的 3 840×2 160。由于其高分辨率的特点,4 K 摄像头可以提供更加细致、清晰的画面效果,适用于高端监控场景,如机场、车站、体育场等。

除了以上常见的分辨率外,还有 480 p、540 p 等分辨率。这些分辨率适用于特殊监控需求,如低要求的趣味性监控场景。

2. 图像格式

RGB 和 YUV 是目前最常用的两种图像格式。RGB24 表示 R、G、B 三种颜色各 8 bit,最多可表现 256 级,从而可以再现 256×256×256 种颜色。I420 是 YUV 格式之一。其他格式有 RGB565、RGB555、YUV422 等。

3. 图像压缩方式

静态图像压缩方式（Joint Photographic Experts Group，JPEG）是一种有损的图像压缩方式，压缩比越大图像质量越差。当图像精度要求不高、存储空间有限时，可以选择这种格式。目前大部分数码相机都使用 JPEG 格式。

4. 色彩深度

色彩深度反映摄像头对色彩的识别能力和成像的色彩表现能力，实际就是 A/D 转换器的量化精度，是指将信号分成多少个等级。常用色彩位数表示。色彩深度越高，获得的影像色彩就越艳丽动人。市场上的摄像头均已达到 24 位，有的甚至是 32 位。

5. 输出/输入接口

串行接口（RS232/422）传输速率慢，为 115 kb/s；并行接口（PP）传输速率可以达到 1 Mb/s；红外接口（IrDA）速率也是 115 Kbps；通用串行总线 USB，即插即用的接口标准，支持热插拔，USB1.1 速率可达 12 Mb/s，USB2.0 可达 480 Mb/s；IEEE1394（火线）接口传输速率可达 100~400 Mb/s。

5.6.4　摄像头的未来发展趋势

摄像头的未来发展趋势主要体现在以下几个方面。

1. 智能化与 AI 应用

（1）智能化功能增强。摄像头将逐步整合更多人工智能技术，如深度学习和机器视觉等，从而实现更精准的目标识别和行为分析功能，包括人脸识别、物体检测、行人跟踪等。这将使监控系统更加智能化，反应更加迅速。

（2）算法商店与碎片化场景应用。随着算法商店的推出，摄像头的智能化水平将进一步提升，推动碎片化场景的应用。用户可以根据具体需求，从算法商店选择适合的算法，提升监控系统的价值和效率。智能化楼宇监控摄像头如图 5.16 所示。

图 5.16　智能化楼宇监控摄像头

2.高清晰度与高分辨率

随着摄像头传感器技术的进步,高清晰度(HD)和超高清(4K、8K)摄像头将逐渐成为主流。高分辨率图像不仅能够提升监控系统的图像质量,还可以提供更多细节和更广阔的覆盖范围。

3.网络化与云端存储

(1)网络化部署。监控摄像头系统越来越趋向于网络化部署,支持远程监控和管理。这种趋势使得监控系统的部署和日常运维更加便捷和高效。

(2)云端存储技术。云端存储技术使得视频数据可以安全地存储和访问,同时提供了更大的数据处理和分析能力。有助于提升监控系统的数据安全和可靠性。360云台摄像头和罗技C920e高清摄像头如图5.17和图5.18所示。

图5.17　360云台摄像头

图5.18　罗技C920e高清摄像头

4.多功能化与应用场景拓展

摄像头将向多功能化方向发展,除了传统的监控功能外,还将广泛应用于老人、婴儿、宠物等看护场景。多功能化趋势将进一步提升摄像头的市场需求和应用价值。

摄像头行业将进一步拓展更多的应用领域,如智能家居、智能汽车、安防行业等。随着这些领域的快速发展,摄像头的应用范围和市场需求将得到进一步扩大。

5. 安全与隐私保护

随着数据隐私法规的加强,摄像头厂商将更加注重数据安全和隐私保护。通过开发和应用先进的安全技术,如数据加密、访问控制等,确保视频数据的安全和隐私。

6. 品牌建设与市场竞争

随着市场的不断扩大和竞争的加剧,摄像头行业将更加注重品牌建设。通过提升产品质量、技术创新和服务水平,提高品牌知名度和美誉度,以在激烈的市场竞争中占据有利地位。

7. 消费者需求变化

随着消费者对安防、监控、看护等需求的不断提升和变化,摄像头市场将更加注重满足消费者的多样化需求。通过不断创新和改进产品,提供更加符合消费者需求的产品和服务。

摄像头的未来发展趋势将呈现智能化、高清化、网络化、多功能化以及更加注重安全与隐私保护等特点。这些趋势将推动摄像头行业不断向前发展,为更多的消费者提供更加优质、便捷和安全的服务方案。

实训操作

1. 能正确安装打印机驱动程序。
2. 认识并正确选用计算机常用辅助设备。

小 结

本模块主要介绍了计算机的其他基本部件:机箱、电源、鼠标、键盘、声卡、音箱、打印机、扫描仪和摄像头的相关内容。通过本模块的学习,读者能够清楚地了解计算机的其他设备部件知识,掌握鼠标、键盘、打印机、扫描仪、摄像头等的安装与使用。

习 题

1. 机箱的分类有哪些?
2. 鼠标的分类有哪些?
3. 键盘按照按键的个数的划分有哪些?
4. 声卡的工作原理是什么?
5. 音箱的主要指标有哪些?
6. 三种打印机的优缺点是什么?
7. 扫描仪的接口有哪些?
8. 摄像头的主要技术指标有哪些?

模块 6　网络设备

6.1　简介

网络设备工作在 OSI 模型的不同层次上工作,例如网线和中继器工作在物理层,网桥和交换机工作在数据链路层,路由器工作在网络层。每一层的网络设备都根据其所在层次的特点执行各自的任务。

1. 中继器(Repeater)

中继器在网络中起到中继和续传的作用,它不具有"智能性",无法"学习"。它工作在物理层,只能识别 0 和 1 电平信号。它只是将收到的信号再生后,转发给另一网段。

2. 集线器(Hub)

集线器可以视为多端口的中继器。通常有 8 个、16 个或 24 个数量不等的接口。集线器不仅可以延长网络的通信距离,还可以连接物理结构不同的网络,但主要还是作为主机站点的汇聚点,连接各主机,使它们可以互相通信。集线器如图 6.1 所示。

图 6.1　集线器

3. 交换机(Switch)

交换机也被称为交换式集线器。通过为通信的两台主机直接建立专用的通信信道来增加可用带宽,解决了连接在集线器上的所有主机共享可用带宽的缺陷。交换机如图 6.2 所示。

图 6.2　交换机

4. 路由器（Router）

路由器是网络中必不可少的设备之一。路由器连接多个网络或网段，网能将不同网络或网段之间的数据信息进行"翻译"，以使彼此能够相互"读"懂对方的数据，从而构成一个更大的网络。路由器有两大主要功能，即数据通道功能和控制功能。数据通道功能包括转发决、背板转发以及输出链路调度等，一般由特定的硬件来完成；控制功能一般用软件来实现，包括与相邻路由器之间的信息交换、系统配置、系统管理等。路由器工作在网络层，可以识别 IP 地址，过滤广播消息。路由器如图 6.3 所示。

图 **6.3**　路由器

6.2　网卡

网卡全称网络适配器，是构成计算机局域网系统的重要设备。计算机主要通过网卡接入局域网络，网卡除了起到物理接口的作用外，还有控制数据传送的功能。一方面，网卡负责接收网络上传过来的数据包，解包后将数据通过主板上的总线传输给本地计算机；另一方面，网卡将本地计算机上的数据打包后送入网络。网卡如图 6.4 所示。

图 **6.4**　网卡

6.2.1　网卡的分类

网卡有多种分类方法,以下是几种常见的分类方法。

根据网络类型划分。由于目前的网络有 ATM 网、令牌环网和以太网,所以网卡也分为 ATM 网卡、令牌环网网卡和以太网网卡。因为以太网的连接比较简单,使用和维护起来都比较容易,所以目前市面上的网卡也以以太网网卡居多。

根据网卡传输速率划分。网卡可分为 10 Mb/s 网卡、100 Mb/s 网卡、10/100 Mb/s 自适应网卡以及千兆网卡。其中, 10/100 Mb/s 自适应网卡最大传输速率为 100 Mb/s,该类网卡可根据网络连接对象的速度,自动调整工作在 10 Mb/s 还是 100 Mb/s 速率。千兆网卡的最大传输速率为 1 000 Mb/s,也是目前常用网卡。

根据总线类型划分。网卡可划分为 ELSA、ISA、PCI 和 USB 四种。 EISA 是早期的总线类型,现在已被淘汰。ISA 网卡由于 CPU 占用率比较高,往往会造成系统停滞,再加上 ISA 网卡的数据传输速度极低,使得这种接口的网卡在市面上已经很少见。PCI 网卡是现在应用最广泛、最流行的网卡,它具有性价比高、安装简单等特点。USB 接口网卡是最近才出现的产品,这种网卡是外置式设备,具有不占用计算机扩展槽的优点,因而安装更为方便,主要是为了满足没有内置网卡的笔记本电脑用户需求。

根据工作对象的不同划分。网卡可以分为服务器专用网卡、PC 网卡、笔记本电脑专用网卡和无线局域网网卡四种。服务器专用网卡是为了适应网络服务器的工作特点而设计的,为了尽可能降低服务器芯片的负荷,一般都自带控制芯片,这类网卡售价较高,一般只安装在一些专用的服务器上。市场上常见的一般都是适合于个人计算机使用的 PC 网卡,俗称为“兼容网卡”,此类网卡价格低廉、工作稳定,现已被广泛应用。笔记本电脑专用网卡,即 PCMCIA 网卡,其大小与扑克牌差不多,只是厚度稍微厚一些。PCMCIA 是笔记本电脑使用的总线类型, PCMCIA 插槽是笔记本电脑用于扩展功能的插槽。无线局域网网卡是针对无线用户推出的新型网卡,它遵循 IEEE802.11a/802.11b/802.11 g 三个标准,最高传输速率高达 54 Mb/s。无线局域网网卡如图 6.5 所示。

图 6.5　无线局域网网卡

6.2.2 网卡的安装

1. 网卡硬件的安装

目前,大多数运行 Windows 7/10/11 的计算机都支持即插即用(PNP),市场上几乎所有的网卡都通过软件来自动设置中断号(IRQ)及内存的 I/O 地址。

在安装网卡时,首先确保机箱电源已关闭,然后将网卡插入机箱的某个空闲的扩展槽中,接着把机箱盖合上,再将网线插入网卡的 RJ45 接口中。

2. 网卡驱动的安装

在安装网卡驱动程序前,首先需要了解自己的网卡型号。这通常可以通过查看计算机的设备管理器或者使用系统信息工具来获取。确认网卡型号后,就可以有针对性地下载和安装对应的驱动程序。

访问计算机制造商或网卡制造商的官方网站,找到支持或驱动程序下载页面,根据网卡型号和操作系统版本选择适合的驱动程序进行下载。下载完成后,双击安装程序,按照提示完成安装过程。

如果无法确定网卡型号或未能从官方网站下载驱动程序,可以尝试使用设备管理器进行更新。打开设备管理器,找到网络适配器下的网卡设备,右键点击选择"更新驱动程序"。在弹出的对话框中选择"自动搜索更新的驱动程序软件",系统会自动搜索并安装适合的驱动程序。

除了以上两种方法外,还可以使用一些驱动管理软件。这些软件通常能够自动识别计算机中硬件,并提供相应的驱动程序下载和安装服务。使用驱动管理软件可以方便快捷地完成网卡驱动程序的安装和更新。

在安装网卡驱动程序时,需要注意以下几点:确保下载的驱动程序与网卡型号和操作系统版本相匹配;安装过程中不要随意更改安装路径和设置选项;安装完成后建议重启计算机以使驱动程序生效。

6.3 网线

网线又称双绞线,英文名称 Twisted Pair,是综合布线工程中最常用的传输介质之一。双绞线采用了一对互相绝缘的金属导线互相绞合的方式来抵御一部分外界电磁波干扰。把两根绝缘的铜导线按一定密度互相绞在一起,可以降低信号的干扰,每一根导线在传输中辐射的电波会被另一根线上发出的电波抵消,"双绞线"的名字也由此而来。双绞线一般由两根 22 至 26 号绝缘铜导线相互缠绕而成,实际使用时,双绞线是由多对双绞线一起包在一个绝缘电缆套管里。典型的双绞线有四对的,也有更多对双绞线放在一个电缆套管里,这些统称为双绞线电缆。与其他传输介质相比,双绞线在传输距离、信道宽度和数据传输速度等方面均受到一定限制,但价格较为低廉。

6.3.1　网线的分类

1. 按传输速率分类

双绞线常见的有 3 类线、5 类线和超 5 类线，以及最新的 6 类线，类号越大，线径越大。具体型号特点如下。

（1）1 类线：主要用于传输语音（1 类标准主要用于 20 世纪 80 年代初之前的电话线缆），不用于数据传输。

（2）2 类线：传输频率为 1 MHz，用于语音传输和最高传输速率 4 Mb/s 的数据传输，常见于使用 4 Mb/s 规范令牌传递协议的令牌网。

（3）3 类线：指目前在 ANSI 和 EIA/TIA568 标准中指定电缆，该电缆的传输频率为 16 MHz，用于语音传输及最高传输速率 10 Mb/s 的数据传输，主要用于 10BASE-T。

（4）4 类线：该类电缆的传输频率为 20 MHz，用于语音传输和最高传输速率 16 Mb/s 的数据传输，主要用于基于令牌的局域网和 10BASE-T/100BASE-T。

（5）5 类线：该类电缆增加了绕线密度，外套一种高质量的绝缘材料，传输频率为 100 MHz，用于语音传输和最高传输速率 10 Mb/s 的数据传输，主要用于 100 BASE-T 和 10 BASE-T 网络。

（6）超 5 类线：超 5 类线具有衰减小、串扰少的特点，并且具有更高的衰减与串扰的比值和信噪比、更小的时延误差，性能得到很大提高。超 5 类线主要用于千兆位以太网。

（7）6 类线：该类电缆的传输频率为 1~250 MHz。6 类布线系统在 200 MHz 时综合衰减串扰比（PS-ACR）有较大的余量，它提供 2 倍于超 5 类的带宽。6 类布线的传输性能远远高于超 5 类标准，最适用于传输速率高于 1 Gb/s 的网络。6 类与超 5 类的一个重要的不同点在于：改善了在串扰以及回波损耗方面的性能。对于新一代全双工的高速网络应用而言，优良的回波损耗性能是极重要的。6 类标准中取消了基本链路模型，布线标准采用星形的拓扑结构，要求的布线距离为：永久链路的长度不能超过 90 m，信道长度不能超过 100 m。

2. 按屏蔽与非屏蔽分类

双绞线可分为非屏蔽双绞线（Unshielded Twisted Pair，UTP）和屏蔽双绞线（Shielded Twisted Pair，STP）。屏蔽双绞线电缆的外层由铝箔包裹，以减小辐射，但并不能完全消除辐射；屏蔽双绞线价格相对较高，安装时要比非屏蔽双绞线电缆困难。非屏蔽双绞线电缆具有以下优点。

（1）无屏蔽外套，直径小，节省所占用的空间。

（2）质量轻，易弯曲，易安装。

（3）将串扰减至最小或加以消除。

（4）具有阻燃性。

（5）具有独立性和灵活性，适用于结构化综合布线。

在这两大类中又分 100 Ω 电缆、双体电缆、大对数电缆、150 Ω 屏蔽电缆等。

6.3.2　水晶头的制作

水晶头的制作是网络工程中的基础技能之一。其操作步骤如下。

步骤 1:将线缆穿上保护套,利用压线钳的剥线口或专用剥线钳将双绞线的外皮剥去 3~5 cm,露出里面的 4 个线对。有一些双绞线电缆上含有一条柔软的尼龙绳,如果在剥除双绞线的外皮时,觉得裸露出的部分太短,而不利于制作 RJ-45 接头时,可以紧握双绞线外皮,再捏住尼龙线往外皮的下方剥开,就可以得到较长的裸露线。

步骤 2:分线。调整线序为以下顺序:左一橙色线对,左二绿色线对,左三蓝色线对,左四棕色线对。

步骤 3:按 568B 标准,从左到右将线序排列为白橙、橙、白绿、蓝、白蓝、绿、白棕、棕,如图 6.6 所示。将裸露出的双绞线用压线钳剪齐。剩下约 14 mm 的长度,将水晶头端口面向自己,水晶头小尾巴(卡簧)朝下,将线插入水晶头的底端,8 根线全部到位后,用压线钳将水晶头用力压实。

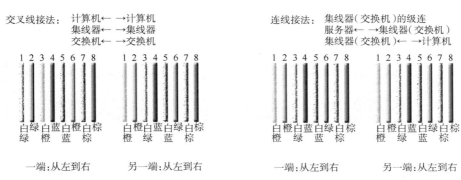

图 6.6　水晶头的制作

6.4　无线路由器

随着 5G 网络的普及,WLAN 网络走进千家万户,同时随着智能手机越来越普及,人们对 WiFi 网络的需求也越来越大,但很多人却不会安装和设置路由器。本节将详细介绍路由器的安装与设置方法。

1. 安装无线路由器

路由器的安装有两种,一种是有线连接,一种是 WDS 串联,常用的就是有线连接方式。此处着重说一下如何安装路由器。

路由器主要由电源变压器和路由器两个零件组成,只要将电源插头插在路由器上,路由器设备就可以正常工作。但如果想要让路由器连接到台式计算机上,那就必须最少准备两根网线,第一根网线的一端插入光猫的"LAN 端口"内,另一端插入路由器的"WAN 端口"内,然后再使用第二根网线,插入路由器的"LAN 端口"内,另一端插在计算机的网卡端口上,如图 6.7 所示的路由器端口分布来进行连接。

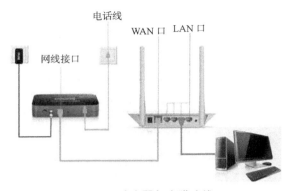

图 6.7　路由器与光猫连线

2. 路由器设置

　　想要登录路由器就必须知道路由器的默认网关和登录路由器管理系统的账号和密码。一般路由器的默认网关是 192.168.0.1 或 192.168.1.1,账号是 admin,密码是 123456 或 admin,如果不确定的话,可以通过查看路由器背面的标签确定一下,如图 6.8 所示。

图 6.8　路由器默认信息

　　当确定了路由器的默认网关和默认账号密码后,直接在计算机浏览器内输入默认网关,进入到路由器管理界面的登录窗口,然后输入默认的账号和密码,找到路由器的设置向导。以水星 MW325R 路由器为例,如图 6.9 所示。

图 6.9　路由器登录界面

　　如果是家庭用户的话,填写网络运营商提供的宽带账号和密码,然后点击"下一步"即可。点击"下一步"后,就需要对 WiFi 网络进行设置,可以对网络的名称和密码进行设置,需要注意的是,WiFi 网络名称尽量使用英文,如图 6.10 所示。

图 6.10　WIFI 设置

　　设置完毕后,直接关闭浏览器,然后使用手机或其他设备通过网线或 WiFi 连接此网络,即可正常使用。

实训操作

1.学会网卡的正确安装及一般设置。

2.认识常见的各种网络设备及使用方法,学会设置无线路由设备。

3.正确制作网线水晶头。

小　结

本模块主要介绍了网络设备、网卡、网线以及制作水晶头的相关内容。通过本模块的学习,读者能够了解网络的相关知识,以及掌握网线制作的能力。

习　题

1.常见的网络设备有哪些?

2.网卡有哪些分类?

3.网线的分类有哪些?

4.现行无线网卡的标准有哪些?

模块 7 计算机组装

7.1 安装 CPU

CPU 的安装是组装计算机过程中的一个重要步骤,它涉及多个关键步骤和注意事项,如图 7.1 所示。

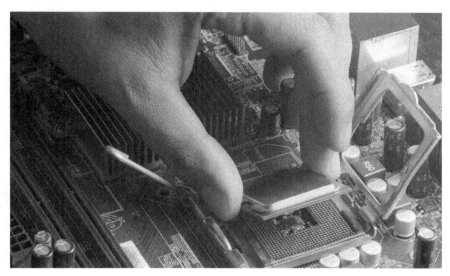

图 7.1 安装 CPU

1. 准备工作

(1)确认兼容性:确保选择的 CPU 与主板兼容。这包括检查 CPU 的接口类型(如 LGA、Socket 等)是否与主板上的 CPU 插槽相匹配。

(2)准备工具:通常不需要特殊工具,但建议准备一块干净的布或海绵垫,用于放置主板防止静电损伤。

(3)检查环境:确保工作环境干净、无静电,静电可能对电子元件造成损害。

2. 打开主板上的 CPU 插座保护盖

(1)找到 CPU 插座:通常位于主板的中央位置。

(2)打开保护盖:这个保护盖通常是塑料材质的,轻轻向外拉即可打开。注意不要用力过猛,以免损坏主板。

3. 安装 CPU

安装 CPU 的具体操作步骤如图 7.2 所示。

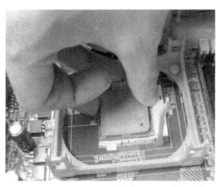

图 7.2　安装 CPU 具体操作步骤

（1）轻拿轻放 CPU：拿起 CPU 时，要特别注意轻拿轻放，避免触摸 CPU 底部的金属针脚，因为指纹或弯曲都可能影响 CPU 的性能。

（2）对准插座：将 CPU 的底部对准主板上的 CPU 插座，确保金属针脚与插座的孔位对齐。有些 CPU 和插座上有特定的标记或形状，可以帮助你正确对齐。

（3）轻轻放入：将 CPU 轻轻放入插座中，不要用力按下，只需利用 CPU 自身重力垂直放置即可。

（4）固定 CPU：使用主板上的固定杆或固定螺丝来固定 CPU。在固定时，要注意不要用力过猛，以免损坏主板或 CPU。通常，固定杆或螺丝需要按照特定的顺序和方向进行安装。

4. 涂抹散热膏（硅脂）

（1）准备散热膏：选择高质量的散热膏，以提高 CPU 与散热器之间的热传导效率。

（2）涂抹散热膏：使用干净的指套或塑料刮刀将散热膏均匀涂抹在 CPU 表面。注意不要涂抹过多，以免散热膏溢出到 CPU 插座上。

5. 安装散热器

安装散热器的具体操作步骤如图 7.3 所示。

图 7.3　安装散热器操作步骤

（1）准备散热器：选择与 CPU 兼容的散热器，并确保散热器底部干净无杂质。

（2）对准 CPU：将散热器的底部对准 CPU 的位置，确保风扇电源线不会妨碍其他部件的安装。

（3）固定散热器：将散热器的固定螺丝对准主板上的固定孔，轻轻拧紧。重复上述步骤，将其他固定螺丝拧紧，确保散热器稳固地安装在主板上。

6. 连接电源并测试

（1）连接电源线：将主板的电源线和其他必要的连接线连接到相应的位置。

（2）启动计算机：打开计算机电源，观察 CPU 风扇是否正常运转。如果风扇正常运转，且系统能够正常启动并运行，则说明 CPU 已成功安装并正常工作。

7. 注意事项

（1）在整个安装过程中，要避免使用过大的力量，以免损坏硬件。

（2）尽量不要直接触摸 CPU 引脚，以防静电损害。

（3）安装完成后，务必进行仔细检查，确保所有连接都牢固无误。

（4）如果在安装过程中遇到任何问题，请参考主板和 CPU 的用户手册或咨询专业人士。

7.2　安装内存条

安装内存条通常包括以下几个关键步骤，这些步骤旨在确保内存条能够正确、安全地安装到计算机主板上，如图 7.4 所示。

图 7.4　安装内存条

1.准备工作

（1）关闭计算机并断开电源：确保计算机完全关闭，并从电源插座上拔下电源线，以防止在安装过程中发生电击或短路。

（2）准备工具和内存条：确保你有一个合适的内存条，并准备好必要的工具，如螺丝刀。同时，确保工作环境干净、无静电，以避免对内存条或主板造成损害。

（3）检查兼容性：确认你购买的内存条与你的计算机主板兼容，包括型号、容量、速度等参数。

2.打开机箱并找到内存插槽

（1）打开机箱：使用螺丝刀或其他适当的工具打开机箱侧板或顶盖。

（2）找到内存插槽：主板上通常有多个内存插槽，它们通常位于 CPU 附近，形状为长条形，并带有金属触点。插槽的颜色可能有所不同，用于区分不同的通道或性能模式。

3.安装内存条

安装内存条的具体操作步骤，如图 7.5 所示。

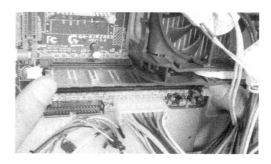

图 7.5　安装内存条操作步骤

（1）释放静电：在安装内存条之前，触摸机箱或其他金属物体以释放身上的静电，这有助于防止静电对内存条或主板造成损害。

（2）打开插槽卡扣：有些内存插槽两侧有卡扣或开关，需要先按下或松开它们以打开插槽。

（3）对准内存条：将内存条的金手指对准插槽的触点，并确保内存条上的缺口与插槽中的凸起对齐。这是为了防止内存条插反而设计的。

（4）插入内存条：轻轻但坚定地将内存条垂直插入插槽中，直到插槽两侧的卡片或卡扣重新锁定。在插入过程中，你可能会听到一声轻微的"咔嗒"声，这表示内存条已经安装到位。

（5）检查安装：确保内存条牢固地安装在插槽中，没有松动。同时检查内存条的金手指是否完全插入插槽的触点中。

4.关闭机箱并测试

（1）关闭机箱：在确认内存条已经正确安装后，重新封闭机箱侧板或顶盖。

（2）连接电源并开机：将电源线重新连接到电源插座上，并启动计算机。

（3）检查系统识别：在操作系统中查看系统信息或进入 BIOS 设置，确认新安装的内存条已经被系统正确识别。你可以检查内存总量、速度等参数是否符合预期。

5. 注意事项

（1）在安装内存条时，一定要确保计算朵已经关闭并断开电源，以避免发生电击或短路。

（2）在安装过程中，要轻拿轻放内存条和主板上的其他部件，避免造成损坏。

（3）如果你的计算机主板支持双通道或多通道内存技术，请按照主板手册中的建议来安装内存条，以获得最佳性能。

（4）如果在安装过程中遇到任何问题或困难，请查阅主板、内存条的用户手册或寻求专业的技术支持。

7.3　打开机箱盖

打开机箱盖是计算机维护和升级过程中的一个常见步骤。这个过程可能会因机箱的设计而有所不同，但大多数机箱都遵循类似的步骤，如图 7.6 所示。

图 7.6　打开机箱盖

1. 断开电源

在尝试打开机箱盖之前，首先确保计算机已经完全关闭，并从电源插座上拔下电源线。这是为了防止在操作过程中发生电击或短路。

2. 寻找打开机箱盖的机制

机箱盖的打开方式取决于机箱的设计。一些机箱的侧板或顶盖可能有螺丝固定，而其他一些则可能使用滑动、卡扣或提手等机制来固定。

（1）螺丝固定：如果机箱盖是通过螺丝固定在机箱上的，需要使用螺丝刀来拧下这些螺丝。螺丝通常位于机箱盖的边缘或后面板上。

（2）卡扣机制：许多现代机箱都使用卡扣或开关来固定机箱盖。这些卡扣可能位于机箱盖的边缘，需要按下或滑动打开。

（3）提手或把手：一些机箱在顶部或侧面配有提手或把手，可以直接拉动它们来打开机箱盖。

3. 打开机箱盖

在释放了机箱盖的固定机制后，可以轻轻地拉开机箱盖。注意不要用力过猛，以免损坏机箱或机箱内的部件。

4. 检查内部布局

一旦机箱盖打开，就可以看到计算机内部的各个部件。这时，需要仔细检查内部布局，了解各个部件的位置和连接方式，为后续的维护和升级做准备。

5. 关闭机箱盖

在完成维护或升级后，确保所有部件都已正确安装并固定好，然后按照相反的顺序关闭机箱盖。如果机箱盖是通过螺丝固定的，请确保使用正确的螺丝刀和螺丝，并将它们拧紧到适当的程度。

6. 注意事项

（1）在打开机箱盖之前，务必断开电源，并等待一段时间以确保计算机内部的所有部件都已完全放电。

（2）在操作过程中，要轻拿轻放机箱和内部部件，避免造成损坏。

（3）如果你不确定如何操作，请参考机箱的用户手册或寻求专业的技术支持。

（4）在打开机箱盖后，请注意静电防护，避免触摸主板或其他敏感部件，以防止静电损坏。你可以通过触摸机箱的金属部分或使用静电手环来释放身上的静电。

7.4　安装电源

在安装计算机电源时，需要遵循一定的步骤来确保安全和正确安装，如图 7.7 所示。

图 7.7　安装主机电源

1. 准备工作

（1）确认电源兼容性：确保所选电源与计算机主板、显卡等部件兼容，并满足系统功耗需求。

（2）关闭计算机并断开电源：在安装电源之前，务必关闭计算机并断开电源线，以防止电击或短路。

（3）准备工具：螺丝刀、绝缘手套（可选）等。

2. 打开机箱

（1）找到机箱背面的电源安装位：大多数机箱在背部都有一个为电源设计的安装位，通常位于机箱的顶部或底部。

（2）打开机箱侧板：使用螺丝刀或其他工具打开机箱的侧板，以便访问机箱内部。

3. 安装电源

（1）取出电源：从包装中取出电源，并确保其没有损坏。

（2）对准电源安装位：将电源的背面（通常带有螺丝孔的一侧）对准机箱背面的电源安装位。

（3）固定电源：使用螺丝将电源固定在机箱上。通常，电源安装位会有四个螺丝孔，你需要用螺丝刀将螺丝拧紧，确保电源稳固地安装在机箱上。

4. 连接电源线和电缆

（1）连接电源线：将电源线的插头插入电源的相应插座中，并确保插头牢固插入。

（2）连接主板电源线：找到电源上的 24 针（或 20 针）主板电源线，并将其插入主板上的相应插座中。这个插座通常位于主板的右上角。

（3）连接 CPU 电源线：如果电源有 4 针或 8 针的 CPU 电源线，将其连接到主板上的 CPU 电源插座上。这个插座通常位于 CPU 附近。

（4）连接显卡、硬盘等其他部件的电源线：根据系统配置，连接显卡、硬盘、光驱等部件的电源线。这些电源线通常从电源的不同位置伸出，需要将它们插入相应部件的电源插座中。

5. 检查并关闭机箱

（1）检查所有连接：确保所有电源线和电缆都已正确连接，没有松动或未连接的情况。

（2）关闭机箱侧板：将机箱侧板重新安装到机箱上，并用螺丝固定好。

6. 注意事项

（1）在安装电源时，务必确保电源和机箱的接触面干净、无杂质，以免影响散热效果。

（2）在连接电源线和电缆时，要注意不要用力过猛，以免损坏插座或插头。

（3）在安装过程中，如果遇到任何不确定的情况，请参考电源和主板的用户手册或寻求专业的技术支持。

7.5　安装主板

安装主板是计算机组装过程中的一个重要步骤，需要仔细操作以确保主板能够稳固、安全地安装在机箱中，如图 7.8 所示。

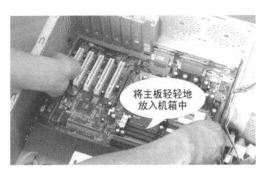

图 7.8　安装主板

1. 准备工作

（1）确认主板和机箱兼容性：确保所选主板与机箱的尺寸和布局兼容。

（2）准备工具和材料：主板、机箱、螺丝刀、绝缘垫片（可选）、防静电手环（可选）等。

（3）阅读主板手册：在安装之前，仔细阅读主板的用户手册，了解主板的安装指导和连接说明。

2. 安装后置挡板

（1）找到机箱后部对应位置：在机箱后部找到与主板 I/O 接口相对应的位置。

（2）安装后置挡板：将主板盒子里附送的后置挡板从机箱内部往外对准对应的空位按出去，感觉卡到位之后，就安装成功了。安装时，注意后置挡板上一些接口的孔位上有金属片，记得先将它们向内弯曲，以免挡住主板的后置接口。

3. 安装主板

安装主板的操作步骤，如图 7.9 所示。

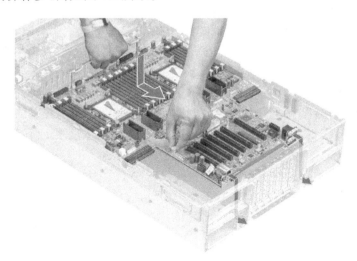

图 7.9　安装主板的操作

（1）清理机箱内部：确保机箱内部干净、无灰尘和杂物。

（2）定位主板支架孔：根据主板尺寸，在机箱上定位和安装主板的支架孔（如果机箱已经预装了支架孔，则跳过此步骤）。

（3）放置主板：将主板小心地放置在机箱内，确保主板上的螺丝孔与机箱上的支架孔对齐。

（4）固定主板：使用螺丝刀将主板固定在机箱上。主板上一般有 5~7 个固定孔，要选择合适的孔与主板匹配，并依次旋紧螺丝。注意不要拧得太紧，以免损坏主板。

4. 连接电源和数据线

（1）连接 ATX 电源线：找到电源上的 ATX 电源线，并将其插入主板上对应的插座。电源插头和插座都有防呆设计，插错了会有明显的阻碍。

（2）连接 CPU 电源线：如果电源提供了单独的 CPU 电源线，请将其连接到主板上的 CPU 电源插座。

（3）连接其他设备：根据需要，将硬盘、光驱、显卡等其他设备的电源线连接到电源上，并将数据线连接到主板的相应插槽上。

5. 连接前面板

（1）找到前面板连线：机箱前面板上有各种连线，如电源开关（POWER SW）、复位键（RESET SW）、硬盘灯（HDD LED）、电源灯（POWER LED）等。

（2）连接前面板连线：根据主板手册上的指示，将前面板连线连接到主板上的相应针脚上。注意连接时要正确对应，以免出现功能异常。

6. 检查并启动

（1）检查所有连接：确保所有电源线和数据线都已正确连接，没有松动或未连接的情况。

（2）安装电池：如果主板上有 CMOS 电池插槽，请安装好电池。

（3）启动计算机：连接显示器、键盘和鼠标等外设，然后启动计算机；进入 BIOS 界面检查主板和其他设备是否正确识别，并进行必要的设置。

7. 注意事项

（1）在安装过程中，要注意防静电，可以佩戴防静电手环或保持与金属物品的接触。

（2）操作时要轻拿轻放主板和其他部件，避免造成损坏。

（3）如果不确定如何安装主板或连接设备，请参考主板和机箱的用户手册或寻求专业的技术支持。

7.6　安装显卡

安装显卡是计算机硬件升级中的一项常见任务，以下是一个详细的显卡安装步骤指南，确保显卡能够正确、安全地安装到计算机主板上，如图 7.10 所示。

1. 准备工作

（1）确认显卡兼容性：确保所选显卡与你的计算机主板兼容，包括插槽类型（如 PCI Express x16）、电源供应需求等。

（2）准备工具和材料：螺丝刀（用于打开机箱和固定显卡）、绝缘手套（可选，用于防静电）、显卡、显卡支架（对于较重的显卡）。

（3）关闭计算机并断开电源：在安装显卡之前，务必关闭计算机并断开电源线，以防止电击或短路。

图 7.10　安装显卡

2. 打开机箱

（1）找到机箱侧板：大多数机箱的侧板通过螺丝固定在机箱上，找到这些螺丝并使用螺丝刀将其拧下。有些机箱可能使用磁吸式侧板，这种情况下只需轻轻拉开侧板即可。

（2）打开机箱侧板：移除螺丝后，轻轻拉开机箱侧板，注意不要损坏机箱或侧板上的任何部件。

3. 安装显卡

安装显卡的具体步骤如图 7.11 所示。

图 7.11　安装显卡步骤

（1）找到显卡插槽：在主板上找到 PCI Express x16 插槽，它通常是最长的插槽，位于 CPU 附近。

（2）拆除显卡插槽挡片：如果插槽上有挡片，需要先将其拆除。这通常是通过轻轻摆动挡片并将其从插槽中拉出来完成的。

（3）安装显卡：将显卡的金手指对准插槽的触点，确保显卡上的缺口与插槽中的凸起对齐。轻轻但坚定地将显卡插入插槽中，直到插槽两侧的卡片或卡扣重新锁定。在插入过程中，你可能会听到一声轻微的"咔嗒"声，这表示显卡已经安装到位。

（4）固定显卡：使用机箱附带的螺丝（或主板盒子中的螺丝）将显卡固定在机箱上。这些螺丝通常位于显卡插槽附近的机箱孔位上。注意不要拧得太紧，以免损坏主板或显卡。

4. 连接电源线

（1）找到显卡电源线：根据显卡型号和电源供应情况，找到适当的电源线。这些电源线通常标有"PCI-E"字样，并分为 6 针、8 针或 6+2 针等不同类型。

（2）连接电源线：将电源线插入显卡上的相应插座中。如果电源线是分开的（如 6+2 针），请先将它们组合成所需的插头类型（如 8 针），然后再插入显卡。

5. 连接显示器

（1）找到显卡的显示接口：显卡上通常有 HDMI、DisplayPort、DVI 等显示接口。根据显示器接口类型，选择合适的接口。

（2）连接显示器：使用适当的线缆（如 HDMI 线、DP 线等）将显示器连接到显卡的显示接口上。

6. 启动计算机并检查

（1）连接电源并启动计算机：将电源线重新连接到电源插座上，并启动计算机。

（2）检查显卡识别：进入操作系统后，检查设备管理器或显卡控制面板以确保显卡已被正确识别。

（3）安装或更新显卡驱动程序：根据需要，安装或更新显卡驱动程序以确保显卡能够正常工作并发挥最佳性能。

通过以上步骤，应该能够成功地将显卡安装到计算机主板上。如果在安装过程中遇到任何问题，请参考显卡和主板的用户手册或寻求专业的技术支持。

7.7　安装网卡

安装网卡是计算机硬件升级或维护中的一个常见步骤，网卡主要分为有线网卡和无线网卡两大类。以下是这两类网卡的安装步骤。

1. 有线网卡安装步骤

（1）准备工具与材料：有线网卡、网线、螺丝刀、网卡驱动程序（可从网卡附带的光盘或官方网站下载）。

（2）关闭计算机并断电：确保计算机已完全关闭并拔掉电源插头，以确保安全。

（3）打开机箱：使用螺丝刀等工具打开计算机主机机箱，确保在操作过程中不会损坏其他硬件。

（4）找到网卡插槽：在主板上找到与网卡匹配的插槽，这通常是一个 PCI 或 PCI-E 插槽，如图 7.12 所示。

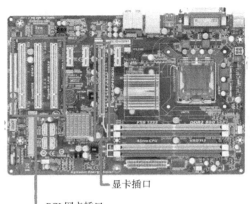

PCI 网卡插口

显卡插口

图 7.12　网卡插槽

（5）安装网卡：将网卡对准插槽，轻轻按下并固定好。确保网卡与插槽紧密贴合，没有松动。

（6）固定网卡：使用螺丝将网卡固定在机箱上，以防止其在使用过程中晃动。

（7）连接网线：将网线的一端连接到网卡上，另一端连接到路由器或交换机上。

（8）开机并安装驱动程序：重新接通电源并启动计算机，进入操作系统后，系统会自动识别并尝试安装网卡驱动程序。如果系统没有自动安装，可以通过"设备管理器"找到网卡设备，并手动安装驱动程序。驱动程序可以从网卡附带的光盘或官方网站下载。

2. 无线网卡安装步骤

无线网卡分为 USB 无线网卡和 PCI 无线网卡两种。

1）USB 无线网卡安装步骤

（1）准备无线网卡：确保无线网卡与计算机兼容，并检查其是否已附带驱动程序。

（2）插入无线网卡：将无线网卡插入计算机的 USB 接口中，确保插入牢固。

（3）安装驱动程序：如果系统没有自动检测到并安装驱动程序，可以从网卡附带的光盘或官方网站上下载并安装驱动程序。按照屏幕提示完成安装即可。

（4）连接无线网络：安装完驱动程序后，可以通过计算机右下角的无线网络图标连接到附近的无线网络。

2）PCI 无线网卡安装步骤

（1）准备无线网卡：确保无线网卡与主板和操作系统兼容，并检查其是否已附带驱动程序。

（2）打开机箱：使用螺丝刀等工具打开计算机主机机箱。

（3）安装无线网卡：找到一个可用的 PCI 插槽，并将无线网卡插入其中。确保网卡与插槽紧密贴合，没有松动。

（4）固定无线网卡：使用螺丝将无线网卡固定在机箱上。

（5）关闭机箱并安装驱动程序：关闭机箱并重新接通电源，启动计算机。进入操作系统后，通过"设备管理器"找到无线网卡设备，并手动安装驱动程序。驱动程序可以从网卡附带的光盘或官方网站上下载。

（6）连接无线网络：安装完驱动程序后，通过计算机右下角的无线网络图标连接到附近的无线网络。

3）注意事项

（1）在安装网卡之前，请确保你的计算机已完全关闭并拔掉电源插头，防止电击或短路。

（2）在安装过程中，要轻拿轻放网卡和其他部件，避免造成损坏。

（3）如果不确定如何安装网卡或连接设备，请参考网卡和主板的用户手册或寻求专业的技术支持。通过以上步骤，可以顺利完成网卡的安装与配置，享受畅快的网络体验。

7.8　安装硬盘

普通计算机安装硬盘的步骤相对直接，但需要注意操作过程中的细节以确保安全和成功，如图 7.13 所示。

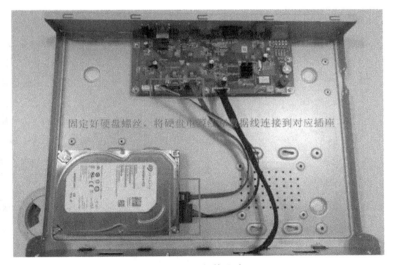

图 7.13　安装硬盘

以下是一个详细的安装步骤指南。

1. 准备工作

（1）选择硬盘：根据需求选择适合的硬盘类型，包括机械硬盘和固态硬盘。机械硬盘价格相对较低，容量大，但读写速度较慢；固态硬盘读写速度快，但价格较高，容量相对较小。

（2）准备工具和材料：螺丝刀、硬盘、SATA 数据线、SATA 电源线，以及可能需要的硬盘支架或托架。

2. 关闭计算机并断开电源

确保计算机已完全关闭，并从电源插座上拔掉电源线，以防止电击或短路。

3. 打开机箱

使用螺丝刀移除机箱侧板上的螺丝，然后轻轻地将侧板滑出或取下。注意不要损坏机箱或内部组件,特别是在处理边缘和角落时要小心。

4. 安装硬盘

（1）找到硬盘安装位:在机箱内部找到空闲的硬盘安装位,这通常位于机箱的底部或后部。

（2）安装硬盘:如果机箱内有硬盘托架,将硬盘插入托架中,并确保硬盘平稳放置且没有倾斜或摇晃。使用螺丝将硬盘固定在托架或安装位置上。注意不要拧得过紧,以免损坏硬盘。如果机箱支持免螺丝安装,只需将硬盘推入硬盘位并确保其稳固即可。

5. 连接数据线和电源线

（1）连接数据线:找到主板上的 SATA 接口（通常位于主板的边缘,靠近其他存储设备和扩展卡）。将 SATA 数据线的一端连接到硬盘上的 SATA 接口,另一端连接到主板上的 SATA 接口。确保连接牢固且没有松动。

（2）连接电源线:在机箱内找到 SATA 电源线（通常是一个带有多个 SATA 电源插头的电缆）。将其中一个插头连接到硬盘的电源接口上。同样,确保连接牢固且没有松动。如图 7.14 所示。

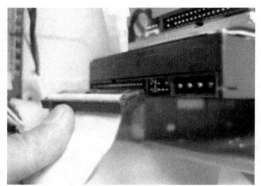

图 7.14　硬盘数据线的连接

6. 关闭机箱并启动计算机

将机箱侧板重新安装到机箱上,并用螺丝固定。确保侧板安装牢固且没有松动。连接计算机电源线并启动计算机。

7. 检查硬盘识别

进入 BIOS 设置（通常在开机时按"F2""Del"或"Esc"键进入）。在 BIOS 中检查是否识别到新安装的硬盘。如果硬盘被正确识别,它应该列在存储设备列表中。

8. 在操作系统中初始化、分区和格式化硬盘

进入操作系统后,打开磁盘管理工具（如 Windows 的磁盘管理）。找到新安装的硬盘,并对其进行初始化。根据需要创建分区并设置分区大小、盘符等参数。对分区进行格式化以便使用。

9. 注意事项

（1）在安装硬盘时,务必小心操作以避免损坏硬件或造成数据丢失。

（2）确保所有连接都牢固可靠，以避免出现连接不良导致的问题。

（3）如果在安装过程中遇到困难或不确定如何操作，请参考硬盘和主板的说明书或寻求专业人士的帮助。

按照以上方法，就可以成功地组装一台计算机主机了，最后将机箱盖合上，完成主机的安装过程。

实训操作

1. 根据内容讲解进行 CPU 及风扇的安装或更换。

2. 根据所学的主板安装知识，将主板安装到机箱中。

3. 进行 IDE、串行接口硬盘的安装与数据线、电源线的连接。

小　结

本模块介绍了计算机主机的组装过程，以及安装各个部件时应注意的事项。在组装的过程中应注意安装的技巧和方法，多思考各个部件之间是怎么协同工作的，这样可以对计算机的组装有更深的理解。

习　题

1. 机箱内部与主板相连的信号线有_____。

2. 一般主板垫脚都采用_____和_____材料，在安装主板的时候先把垫脚安装在主板底板上，以便更好地固定主板。

3. 主板上的 IDE 接口一般有_____个。

4. DDR 内存有_____个金手指缺口。

5. 简述安装 CPU 的方法。

6. 简述安装主板时应注意什么。

7. 怎么避免安装光驱或连接硬盘数据线的错误？

模块 8 BIOS 设置

　　计算机的硬件组装完成后,虽然计算机能够正常启动并顺利通过自检,但仍然需要对 BIOS 进行设置,使计算机各配件工作在最佳状态。在计算机的日常维护中,因为某些需要,也可能需要进入 BIOS 进行设置,例如,使用 BIOS 设置程序可以排除系统故障或者诊断系统问题。

8.1 BIOS 与 CMOS 简介

　　BIOS 与 CMOS 是两个常常让初学者感到混淆的概念,下面认识一下 BIOS 和 CMOS。

8.1.1 CMOS

　　互补金属氧化物半导体存储器(Complementary Metal Oxide Semiconductor, CMOS)是一种存储芯片,通常指计算机主板上的一块可读写的 RAM 芯片,主要用来保存当前系统的硬件配置参数。由于 RAM 在掉电后信息会丢失的特性,所以主板上一般通过一块纽扣电池为 CMOS RAM 芯片供电。主板上的 CMOS 电池和 BIOS 芯片如图 8.1 所示。

图 8.1 主板 CMOS 电池与 BIOS 芯片

CMOS RAM 芯片作为储存芯片,主要存储系统日期和时间, CPU、主板、硬盘、显卡、内存等硬件配置参数,以及其他与系统操作相关的配置信息。计算机在启动时会读取 CMOS 中的参数,对计算机进行配置。如果 CMOS 中的参数设置不当,计算机可能无法工作在最佳状态,严重时还可能造成部分硬件无法正常工作,甚至计算机无法启动。

8.1.2　BIOS

基本输入输出系统(Basic Input Output System, BIOS)是一组程序,它被固化到计算机主板上的一块 ROM 芯片中。BIOS 程序包括自检及初始化、程序服务处理、硬件中断处理三部分功能。BIOS 对于计算机系统起着非常重要的作用,主要有以下几个方面。

1. 对计算机的硬件提供最基本的支持

计算机的任何一个硬件要想正常工作都需要驱动程序的支持,但在刚刚启动计算机时还没有加载操作系统,为什么计算机的 CPU、内存等硬件设备就能够工作呢,其实这都是 BIOS 的功劳,BIOS 提供了这些基本硬件的支持程序。

2. 负责引导计算机启动

计算机在打开电源后,马上会调用 BIOS 中的程序对计算机的硬件进行部分检测,即加电自检(Power On Self Test, POST)。BIOS 会取出 CMOS 芯片中的参数对硬件进行配置和初始化。如果 BIOS 程序检测到硬件故障,或者 CMOS 参数与实际硬件不匹配,会根据故障的轻重程度发出声音报警提示或在屏幕上显示错误提示。最后 BIOS 会按照 CMOS 所设置的启动设备顺序,搜索引导记录并将控制权交给引导记录。此时 BIOS 程序已经执行完毕,由引导记录去负责加载操作系统。

3. 设置 CMOS 中的参数

BIOS 包含一段用来设置 CMOS 参数的程序,帮助用户在程序中方便地设置 CMOS 中的各项参数。

8.1.3　CMOS 与 BIOS 的区别与联系

CMOS 是存储芯片,是硬件,主要用来存储计算机硬件的参数,起到保存数据的功能,但其自身不能够设置里面的参数。参数的设置需要专门的设置程序,现在大部分厂家将 CMOS 的设置程序做到了 BIOS 芯片中。我们经常听到 BIOS 设置和 CMOS 设置两种说法,其实两种说法的意义是一致的,严格地说是通过 BIOS 设置程序设置 CMOS 中的参数。

8.2　BIOS 常规设置

8.2.1　进入 BIOS 设置程序

主板的 BIOS 芯片常见的品牌有 Award、AMI 和 Phoenix 等(Award 公司和 Phoneix 公司已经合并,市场上会看到 Phoenix-Award 品牌,一般还是称其为 Award),不同品牌的 BIOS 设置程序虽然界面不太相同,参数项的名称和设置方法也不完全一致,但所实现功能和要设置的内容基本上是一致的。Phoenix BIOS 多用于高档的原装品牌机和笔记本电脑,其画面简洁便于操作；Award BIOS 应用比较广泛。本章主要讲解 Award BIOS 的操作，并对其他品牌的 BIOS 作适当补充。

不同品牌的 BIOS 进入 CMOS 设置程序的方法不尽相同。启动计算机电源时注意观察屏幕提示，一般可以看到 BIOS 的类型和进入设置程序的快捷键，如图 8.2、图 8.3 所示。

根据屏幕提示进入 BIOS 设置主程序，如图 8.4 所示 Award BIOS 为例。

主菜单显示了所有的可选项目，屏幕下方显示了程序的操作方法。导航条移动到某一项时，屏幕下方会显示该项的帮助信息。按【 Enter 】键即可进入该项的子菜单，用户可以调整相应的参数。该 BIOS 开机界面包含的选项如下。

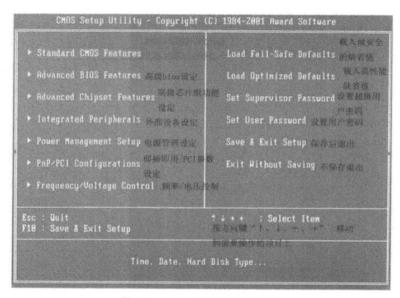

图 8.2　Award BIOS 开机画面

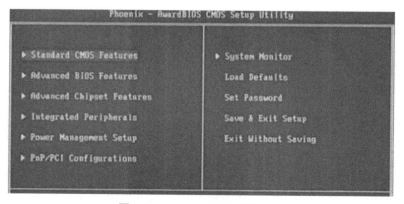

图 8.3　Phoenix BIOS 开机画面

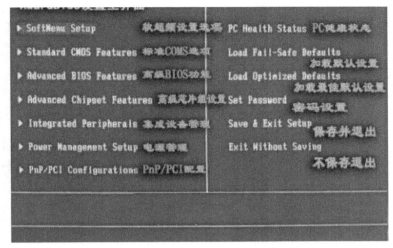

图 8.4 Award BIOS 主界面

（1）Standard CMOS Featrues（标准 CMOS 特性设置）。

（2）Advanced BIOS Features（高级 BIOS 特性设置）。

（3）Advanced Chipset Featrues（高级芯片组特性设置）。

（4）Integrated Peripherals（集成外围设备设置）。

（5）Power Management Setup（电源管理设置）。

（6）PnP/PCI/PCIE Configurations（即插即用与 PCI 设置）。

（7）PC Health Status（计算机健康状态）。

（8）Power BIOS Features（Power BIOS 超频功能设置）。

（9）Load Fail-Safe Defaults（载入基本设置）。

（10）Load Optimized Defaults（载入优化设置）。

（11）Set Supervisor Password（设置超级用户密码）。

（12）Set User Password（设置用户密码）。

（13）Save & Exit Setup（保存修改并退出）。

（14）Exit Without Saving（退出但不保存修改）。

Phoenix BIOS 设置主页面为菜单形式，其设置方法与 Award BIOS 相似。

8.2.2 标准 CMOS 设置

选中"Standard CMOS Features"进入标准 CMOS 设置，如图 8.5 所示。主要设置系统的时间和日期、硬盘、光驱、软驱的型号等。

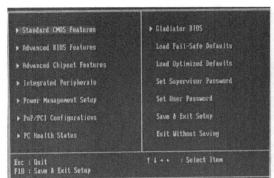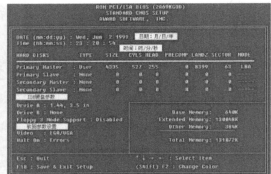

图 8.5　标准 CMOS 设置

1. 设置时间日期

如图 8.5 所示,在"Date"和"Time"部分可以设置系统的日期和时间,然而在此处操作并不是很方便,建议在安装完操作系统后,在操作系统中设置。

2. 设置光驱和硬盘

在串口硬盘出现前,主板上一般只有两个 IDE 接口,最多可以连接 4 个 IDE 设备。图 8.5 中的 BIOS 增加了对串口设备的支持。对于这些设备一般只需要将"TYPE"设置为"AUTO"即可,系统会自动检测到所安装的设备。如果要屏蔽掉某个光驱或硬盘,可将对应的位置设置为"NONE"。

3. 设置软驱

如图 8.5 所示,"Drive A"表示所连接的软驱的类型,对于目前常见的软驱应设置为"1.44,3.5 in."。如果计算机没有安装软驱,应该把该项设置为"NONE",否则即使没有安装软驱,也会在"我的电脑"里发现软驱的盘符。

4. 侦错暂停

如图 8.5 所示,"Halt On"表示"侦错暂停",即系统自动监测到某些硬件错误时是否暂停启动,主要的可选项有以下几个。

(1)ALL ERRORS:当 BIOS 检测到任何错误时,都将停机。

(2)NO ERRORS:系统检测到任何非严重错误时,都不停机。

(3)ALL BUT KEYBOARD:系统检测到键盘以外的错误时,都将停机。

(4)ALL BUT DISKETTE:系统检测到磁盘驱动器以外的错误时,都将停机。

(5)ALL BUT DISK/KEY:系统检测到磁盘驱动器和键盘以外的错误时,都将停机。

例如计算机启动时没有连接键盘,如果将该项设置为"NO ERRORS",则计算机可以顺利完成自检并去加载操作系统;如果设置为"ALL BUT KEYBOARD",则计算机会暂停下来,屏幕上会出现错误提示"Keyboard Error OR no Keyboard Present(键盘错误或键盘不存在)"并伴随提示"Press F1 to Continue or Press DEL to Enter Setup",翻译成中文就是按【DEL】键进入 BIOS 设置,按【F1】键忽略错误,继续执行。一般将此项设置为"ALL BUT KEY-BOARD"。

5. 其他设置

"Drive B"表示第二个软驱,"Video"表示显示模式,一般不需要设定,保持默认设置即可。

8.2.3 高级 BIOS 设置

选中"Advanced BIOS Features"进入高级 BIOS 设置,如图 8.6 所示,对系统的高级特性进行设置。有些 BIOS 可能还会有一些其他设置项目。

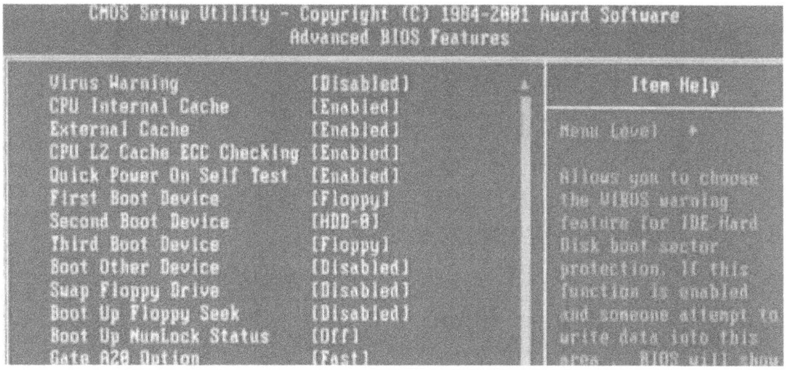

图 8.6 高级 BIOS 设置

1. Virus Warning(病毒警告)

此项功能可以开启保护 IDE 硬盘引导扇区的病毒警告功能。当本项设定为 Enabled (启用)时,若程序尝试写入硬盘引导区时, BIOS 系统就会在屏幕上显示警告讯息或发出蜂鸣警告声响。一般在安装操作系统前,如果需要对硬盘进行分区格式化操作,需要将此项设置为 Disabled(禁用),计算机正常工作时将其设置为 Enabled。

2. Quick Power On Self Test(快速自检)

有些 BIOS 中将此项缩写成 Quick POST,用于设置计算机加电后快速自检功能是否启用。如果设定为 Enabled 时, BIOS 将会精简开机自检的项目及过程。设置为 Disabled 与之相比,最明显的区别是禁用时内存检测 3 遍,而设置为启用时内存只检测 1 遍。一般将此项设置为 Enabled, 可以加快计算机启动的速度。

3. First/Second/Third Boot Device(第一/第二/第三启动设备)

这 3 项用于设置计算机加载操作系统时搜索启动设备的顺序。计算机首先检测第一启动设备是否有引导记录,如果有则加载,如果没有则依次搜索第二、第三启动设备。 每一项的可选参数最常用的有 Hard Disk、CD-ROM 等。 一般在安装操作系统时,需要首先从光盘引导,应将第一设备设为 CD-ROM。计算机正常工作时将第一设备设为 Hard Disk,可以加快计算机启动速度。当然,如果将第一设为光驱,第二设为硬盘也可以,这样做的优点就是可以避免经常进入 BIOS 设置程序去修改启动设备,缺点就是每次计算机启动都要先检测光驱,启动速度稍慢一点。其他可选参数有 Floppy、LS120、ZIP100、USB-FDD、USB-ZIP、LAN 等,如果需要从其他设备启动计算机,设置为对应的值就可以。

需要注意,有些 BIOS 并不直接列出上面所有可选参数,而是计算机检测到有哪些可用设备才会显示出来。例如计算机如果没有安装软驱,可选参数中不会出现 Floppy,这样的设计更具人性化。例如 Phoenix BIOS 在计算机启动时可以按【 F12 】(某些版本设置为其他键,注意观察开机画面,如图 8.3),即可出现如图 8.7 所示的画面,可直接选择启动设备即可。

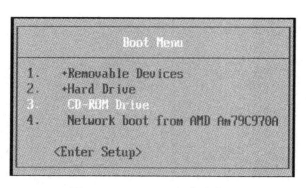

图 8.7　Phoenix BIOS 启动选项

4. Boot Other Device(其他启动设备)

此选项只在以第一/第二/第三启动设备引导都失败时才起作用,即是否尝试从其他设备引导。

5. Boot Up NumLock Status(开机时 NumLock 状态)

本项设置计算机开机时 NumLock(数字键盘锁定)的状态,可选参数有 On(打开)和 Off(关闭)。 一般将其设为 On。但要注意,如果使用的是笔记本键盘,应将本项设为 Off,因为笔记本键盘一般数字区和其他键是重叠的,默认将其关闭。

6. 其他设置

在高级 BIOS 设置中,还有一些其他设置项,一般很少对其修改,保留默认值即可。

(1)"CPU Internal Cache" 和 "External Cache"(有些 BIOS 也称为 CPU L1 & L2 Cache),此选项用于启用或停用 CPU 内置和二级高速缓存,停用会使系统速度减慢,建议保持默认值。

(2)Boot Up Floppy Seek(开机时搜索软驱),该项为设置在系统启动时是否检测软驱。

(3)Typematic Rate Setting(键盘输入速率调整),此选项用于调整按键的重复速率。当此选项设为 Enabled 时,可设定以下两种键盘按键控制:键盘重复输入速率(Typematic Rate)和键盘重复输入时间延迟功能(Typematic Delay)。若设为 Disable,BIOS 会使用默认值,此两项会被屏蔽。

8.2.4　高级芯片组设置

选中 "Advanced Chipset Featrues",可进入高级芯片组设置,图 8.8 所示。

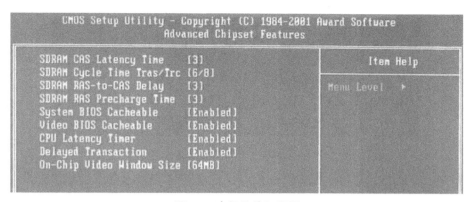

图 8.8　高级芯片组设置

1. FSB Frequency

如果需要修改 CPU 的外频来超频,可修改此项。本款 BIOS 只能设置为 100、133、166,即不支持线性超频。建议不要盲目对 CPU 使用超频。某些 BIOS 不具备此选项,或将此项放置到其他菜单中。

2. Memory Frequency

此项用于调整内存的频率,一般设置为 "By SPD",即按照内存上的 SPD 芯片中的参数进行设定,不要随意修改。

3. Frame Buffer Size

本款主板集成了显卡,集成显卡的显存实际上是共享的物理内存。该项用于设置从物理内存中分配给集成显卡的显存大小。其他主板可能没有该选项。

8.2.5　集成外围设备设置

选中 "Integrated Peripherals" 进入集成外围设备设置,如图 8.9 所示。该项用来设置主板某些功能的启用或禁用。

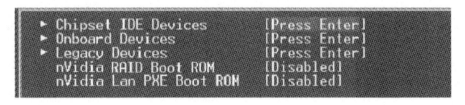

图 8.9　集成外围设备设置

选择 "Onboard Devices",按【Enter】键可进入子菜单,如图 8.10 所示。 例如,网吧担心因用户使用 USB 设备而感染病毒,可以在此菜单内关闭 USB 接口。

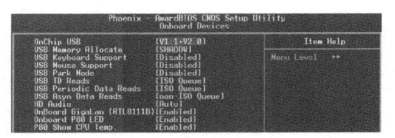

图 8.10　主板设备设置

8.2.6　加载默认设置

很多 BIOS 中都会有一到两项类似于"Load XX Defaults"的选项,作用是加载 BIOS 的预设参数。此选项一般称为"Load Optimized Defaults"(加载优化设置)和"Load Fale-Safe Defaults"(加载保守设置)。

加载优化设置比保守设置参数水平高一些,一般用户在正常使用时可先加载优化设置,然后对某些个别的参数项作一些调整即可。保守设置一般用于计算机出现某些故障时检测故障使用。

8.2.7　其他设置

BIOS 设置程序中还有其他一些选项,一般很少修改,如有必要情况请参考主板说明书。

1. 电源管理设置

此选项页主要设置电源管理参数,非必要情况不要更改。

2. 即插即用与 PCI 设置

此选项页主要设置 PCI/PCIE 的 IRQ 信号,一般不需修改。

3. 计算机健康状态

此选项页会列出系统检测到的 CPU 温度、风扇转速、输出电压等,这些参数只供用户查看,不能修改。如计算机频繁死机或重启,可进入此选项页查看 CPU 温度是否过热或 CPU 风扇转速是否正常。能够修改的一般只有一两项,例如"Shutdown Temperature",即计算机为了保护 CPU,以防温度过高时烧毁,在达到一定的温度时强行关闭计算机。该参数要根据计算机本身的情况以及工作的环境而定,不能过高也不能过低。 设置过高可能会损坏 CPU,过低又会造成计算机经常死机或重启。

4. Power BIOS 超频功能设置

有些版本的 BIOS 没有此选项,此选项页主要用于修改 CPU、内存等的工作频率。超频存在很大风险,建议保留默认值。

8.3　CMOS 密码的设置与清除

有时为了安全的考虑,会给计算机设置开机密码。因为密码是存储在 CMOS 中的,一般也称为 CMOS 密码。本节重点介绍 CMOS 密码的设置以及忘记密码后如何清除。

8.3.1　CMOS 密码的设置

对于 Award BIOS,首先需要设置高级 BIOS 设置中的 "Security Option"(安全选项)。该选项有两个可供选择的参数。

1. Setup

如果将该项设置为 "Setup" 且密码不为空,则计算机启动后,不需输入密码系统也可去引导加载操作系统,但如果要进入 BIOS 设置程序则需输入密码。

2. System

如果将该项设置为 "System" 且密码不为空,则计算机不管是要进入操作系统还是 BIOS 设置程序均需提供密码。

很显然,如果是个人计算机,不希望其他人使用,则应该设置为 "System";如果是机房或网吧的计算机,应该允许用户进入操作系统,但为了防止用户破坏 BIOS,则应该设置为 "Setup"。但前提是已经设置了密码,如果没有密码,"Security Option" 不管设置为什么,都不会要求输入密码。

接下来设置密码。一般 BIOS 中提供两级密码,即 "Supervisor Password"(超级密码)和 "User Password"(用户密码)。如果只设置了其中的某一个,则均相当于设置了超级密码。只要正确地输入密码即可进入操作系统或 CMOS 设置程序。如果两个均设置,则通过超级密码和用户密码均可进入操作系统。但如果进入 CMOS 设置程序,超级密码可以修改 BIOS 中的所有选项,但用户密码只能修改自己的密码,不能修改其他选项。

Phoenix BIOS 密码的设置内容与 Award 完全一样,只是界面和参数名不太一致,如图 8.11 所示,选项 "Password on boot" 设置为 "Disabled" 相当于 Setup 密码,设置为 "Enabled" 相当于 System 密码。Phoenix BIOS 只有设置了超级密码后才能修改用户密码和 "Password on boot" 选项,这样的设置更加人性化。

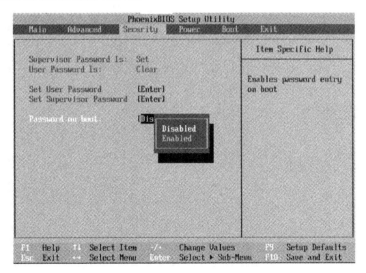

图 8.11　Phoenix BIOS 密码设置

8.3.2　CMOS 密码的清除

如果忘记了 CMOS 密码,也不用太紧张,有很多办法去清除 CMOS 密码。对于 Setup 密码,因为用户可以操作系统,则破解相对简单一点。

（1）万能密码。每款 BIOS 都有一个万能密码,即不管 CMOS 密码如何修改都可以通过该密码进入。但常用的万能密码大概有十几个,一个一个试太麻烦,但可以通过 BIOS 修改软件给自己的 BIOS 重新设置自己的万能密码。

（2）Debug 法。在 DOS 状态下输入"debug"并回车,再输入下面的内容: -07010-07110 -q,该方法比较简单,但对于有些 BIOS 版本可能不太管用。

（3）软件破解。也可以使用第三方软件进行破解,如 BiosPwds、Cmospwd 等。

对于 System 密码,由于用户不能进入操作系统,前面提到的 Debug 和第三方软件就不起作用了。但是前面已经讲到,密码是存储在 CMOS 中的,而 CMOS 需要一块电池为其供电,因此只需要放电就可使 CMOS 中的所有数据还原,当然这时密码也就不存在了。

（1）电池放电。关闭计算机电源,同时拔下电源插头,使用螺丝刀撬下电池,但一定要先将电池底座下的弹簧片用螺丝刀短接十几秒再重新放上电池,否则放电可能不彻底。

（2）短接跳线。一般的主板可以不用取下电池,而是通过主板上的一组跳线来帮助放电。一般该跳线在 CMOS 电池附近,请参阅主板说明书。

如图 8.12 为某主板说明书关于放电跳线的说明:计算机正常工作时,将跳线帽置于 1-2;如果放电只需将跳线帽取下置于 2-3 十几秒即可。但要特别注意,放电后一定要将跳线帽放回 1-2。

设置:

1-2：正常（默认）

2-3：清空 CMOS

图 8.12　某主板说明书放电跳线设置

8.4　BIOS 的刷新

8.4.1　BIOS 刷新的作用

现在的 BIOS 芯片都采用了 Flash ROM,能通过特定的写入程序实现 BIOS 的升级。升级 BIOS 主要有两个目的。

1.获得新功能

升级 BIOS 最直接的好处就是能获得许多新功能。比如对新频率和新类型的 CPU、大容量硬盘的支持,获得新的启动方式,开启以前被屏蔽的功能,识别其他新硬件等。

2. 解决旧版 BIOS 中的 BUG

BIOS 既然也是程序,就必然存在着 BUG,而这些 BUG 常会导致莫名其妙的故障,例如无故重启、经常死机、系统效能低下、设备冲突、硬件设备无故"丢失"等。在用户反馈以及厂商自己发现以后,负责任的厂商都会及时推出新版的 BIOS 修正这些 BUG。例如某品牌的一款笔记本电脑,很多用户反映开机后计算机黑屏,厂家很快推出了新版的 BIOS,通过刷新到新的版本就可解决此 BUG。

8.4.2　软刷新

首先从开机画面上查看本机 BIOS 的版本和日期,然后从网站上下载本机适用的最新版本 BIOS 文件,打开版本说明查看增加了哪些新的功能和修复了哪些 BUG。 以 Award BIOS 为例,BIOS 文件的后缀一般为.BIN。

下载 Award 的刷新软件,如 AwardFlash(DOS 下使用)或 WinFlash(Windows 下使用),建议使用 AwocrdFlash 在 DOS 下刷新。运行刷新软件,选择 BIOS 文件进行刷新,最好在刷新之前保存当前版本,以便刷新失败后可以还原。AwardFlash 的运行界面如图 8.13 所示。

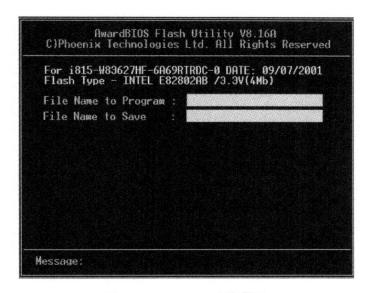

图 8.13　AwardFlash 运行界面

8.4.3　硬刷新

万一刷新失败或者主板 BIOS 遭病毒或其他原因损坏,计算机根本无法完成开机自检,当然也就无法进入操作系统了。这时,一般到专业的维修点使用专用的刷新设备进行刷新。这里介绍一种刷新方法,该方法的思想为通过一块正常工作的主板启动计算机,在带电的状态下换上损坏的 BIOS 芯片进行刷新。

首先准备一块与本机型号相同且工作正常的主板,轻轻撬下两块主板的 BIOS 芯片;接下来准备一块细长的塑料片放于好的 BIOS 芯片下方,并将好的 BIOS 芯片安装到主板上,注意不要安装太紧;然后启动计算机,引导进入操作系统,此时 BIOS 的工作已经完成,在带电的状态下通过拉动塑料片取下好的 BIOS 芯片;最后,把损坏的 BIOS 在主板带电的状态下安装到主板上,运行刷新软件进行刷新。刷新完成后,关闭电源,BIOS 芯片各归其位,硬刷新即可完成。

实训操作

1. 分别设置不同的开机密码和 BIOS 密码,并请小组成员检验。
2. 用 CMOS 跳线放电法清除密码的设置。

小 结

本模块主要介绍了 CMOS 与 BIOS 的功能及两者之间的联系,BIOS 设置程序的操作,包括标准设置、高级设置以及芯片组设置中一些重要的设置项。通过本模块学习,使读者能够熟练地对计算机的 BIOS 进行设置。

习 题

1. BIOS 是＿＿＿＿＿＿ 的缩写,CMOS 是＿＿＿＿＿ 的缩写。
2. 主板上的纽扣电池是为＿＿＿＿供电的。
3. 主板 BIOS 的品牌主要有＿＿＿＿＿。
4. 简述下列 BIOS 设置项的含义、可选参数及如何设置。
（1）Quick POST
（2）Security Option
（3）Halt On
（4）BootUp NumLock Status
5. 简述 CMOS 与 BIOS 两者之间的联系。
6. 查阅资料或通过实践简述如何设置键盘开机、屏蔽板载声卡以及 CPU 超频。
7. 简述开机密码的设置。

模块 9   硬盘分区和格式化

计算机硬件组装完成后,便要在计算机硬盘上安装操作系统。安装操作系统必须有一个被激活的活动分区,这样才可以对它进行读写操作,也可以把大容量的硬盘根据自己的需要分成若干个小的分区,这样在管理操作系统和个人数据时就可以方便很多。

9.1   分区简介

分区就是对硬盘的一种格式化。当我们创建分区时,就必须设置好硬盘的各项物理参数,指定硬盘主引导记录(Master Boot Record,MBR)和引导记录备份的存放位置。而对于文件系统以及其他操作系统管理硬盘所需要的信息则是通过高级格式化,即 Format 命令来实现。安装操作系统和软件之前,首先需要对硬盘进行分区和格式化,然后才能在硬盘里保存各种信息。不论划分了多少个分区,也不论使用的是 IDE 硬盘还是 SCSI 硬盘,都必须把硬盘的主分区设定为活动分区,这样才能够通过硬盘启动系统。

9.1.1   硬盘分区类型

一个硬盘可以有一个主分区、一个扩展分区,也可以分为四个主分区而没有扩展分区,但逻辑分区可以有若干个。主分区是硬盘的启动分区,它是独立的,也是硬盘的第一个分区。主分区也可称为"引导分区",被操作系统认定为这个硬盘的第一个分区。当分完主分区后,剩下的部分可全部分成扩展分区。但扩展分区是不能直接用的,因为它是以逻辑分区的方式来使用,也就是说扩展分区可分成若干逻辑分区。它们的关系是包含的关系,所有的逻辑分区都是扩展分区的一部分。一般情况下都把操作系统安装在主分区上,而把一些文档和资料等存放在逻辑分区上。当从硬盘启动系统时,有且只有一个分区让操作系统运行,这个分区叫活动分区。Linux 的分区格式只有 Ext 和 Swap 两种:Ext 用于存放系统文件;Swap 则作为 Linux 的交换分区。

9.1.2   文件系统格式

1. FAT16

这是 MS-DOS 和最早期的 Windows 95 操作系统中最常见的磁盘分区格式。它采用 16 位的文件分配表,能支持最大为 2 GB 的硬盘,是应用最为广泛和获得操作系统支持最多的一种磁盘分区格式,几乎所有的操作系统都支持这一种格式。

2. FAT32

这种格式采用 32 位的文件分配表,使其对磁盘的管理能力大大增强,突破了 FAT16 对每一个分区的容量只有 2 GB 的限制。由于现在的硬盘生产成本下降,其容量越来越大,运用 FAT32 的分区格式后,可以将一个大硬盘定义成一个分区而不必分为几个分区使用,大大方便了对磁盘的管理。而且 FAT32 具有一个最大的优点：在一个不超过 8 GB 的分区中，FAT32 分区格式的每个簇容量都固定为 4 KB，与 FAT16 相比，可以大大地减少磁盘的浪费，提高磁盘利用率。但是，这种分区格式也有它的缺点：采用 FAT32 格式分区的磁盘，运行速度比采用 FAT16 格式分区的磁盘要慢。

3. NTFS

NTFS 是一个可恢复的文件系统。它的优点是安全性和稳定性极其出色，在使用中不易产生文件碎片。NTFS 提供长文件名、数据保护和恢复，并通过目录和文件许可实现安全性。NTFS 通过对用户权限进行非常严格的限制，使每个用户只能按照系统赋予的权限进行操作，充分保护了系统与数据的安全。NTFS 支持对分区、文件夹和文件的压缩，任何基于 Windows 的应用程序对 NTFS 分区上的压缩文件进行读写时，不需要事先用其他程序进行解压缩。当对文件进行读取时，文件将自动进行解压缩，文件关闭或保存时会自动对文件进行压缩。

4. Ext2

Ext2 是 GNU/Linux 系统中标准的文件系统。这是 Linux 中使用最多的一种文件系统，拥有极快的速度和极小的 CPU 占用率。Ext2 也被应用在软盘等移动存储设备上。其单一文件大小与文件系统本身的容量上限及文件系统本身的簇大小有关，在一般常见的 x86 电脑系统中，簇最大为 4 KB，则单一文件大小上限为 2048 GB，而文件系统的容量上限为 16 384 GB。

5. Ext3

Ext3 是 Ext2 的下一代文件系统，是保有 Ext2 的格式之下添加日志功能。 Ext3 是一种日志式文件系统（Journal File System），最大的特点是：由于文件系统都有快取层参与运作，如不使用时必须将文件系统卸下，以便将快取层的资料写回磁盘中。因此每当系统要关机时，必须将其所有的文件系统全部 shutdown 后才能进行关机。该分区格式被广泛应用在 Linux 系统中。

6. Linux swap

它是 Linux 中一种专门用于交换分区的 swap 文件系统。Linux 是使用这一整个分区作为交换空间。一般这个 swap 格式的交换分区是主内存的 2 倍。在内存不够时，Linux 会将部分数据写到交换分区上。

7. VFAT

VFAT 叫长文件名系统。这是一个与 Windows 系统兼容的 Linux 文件系统，支持长文件名，可以作为 Windows 与 Linux 交换文件的分区。

9.1.3　常用的分区软件

1. Fdisk

Fdisk 是一个 DOS 的外部命令，从很早的时候起，Fdisk 就是 DOS 中的一个重要命令。使用 Fdisk 进行硬盘分区是最为普遍的一种方法。由于 Fdisk 命令是在 DOS 下进行操作，因此它的执行效率非常低，对硬盘进行分区和格式化时需要很长的时间，操作起来相对比较复杂。

2. Partition Magic

Partition Magic 可以说是硬盘分区管理工具中功能较为强大的一种,其最大特点是:允许在不损失硬盘中原有数据的前提下对硬盘进行重新设置分区;分区格式化以及复制、移动;格式转换和更改硬盘分区大小、隐藏硬盘分区以及多操作系统启动设置等操作;支持大容量硬盘,可以轻松实现 FAT 和 NTFS 分区间相互转换;同时还能非常方便地实现分区的拆分、删除、修改,而且还可以实现多 C 盘引导功能等。

3. Disk Manager

它支持目前所有的硬盘技术,拥有极为强大的功能,对于初级用户容易掌握,又能完全满足高级用户的特殊需求;完全支持操作系统所支持的 FAT/NTFS 文件系统。突破硬盘大小的限制;使用硬盘诊断功能可以在硬盘子系统中找出相互关联的问题;兼容多种操作系统;支持 IDE 电源管理;包含了对 IDE/ATA 驱动器的多扇区读写支持,加速数据传送;快速格式化 IDE/ATA/SCSI 驱动器。在绝大多数情况下对硬盘进行分区和格式化不超过两分钟时间;支持增强型 IDE/FAST ATA 的高速数据传送;其中包含低级格式化程序;它可以修改硬盘的交错因子,甚至可以让某些 0 磁道出了问题的硬盘起死回生。

9.1.4　使用 Windows 系统内置工具进行分区

Windows 系统内置了强大的磁盘管理工具,可以帮助用户轻松完成硬盘的分区操作。具体步骤如下。

1. 准备工作

首先,确保新硬盘已经正确安装在计算机中,并且计算机已经启动进入 Windows 系统。

2. 打开磁盘管理工具

按下【Win+R】键,在图 9.1 所示对话框中,输入"diskmgmt.msc"并回车,即可打开磁盘管理工具。

图 9.1　"运行"对话框

3. 找到新硬盘

在磁盘管理工具中,找到新安装的硬盘,它通常会显示为未分配的空间,如图 9.2 所示。

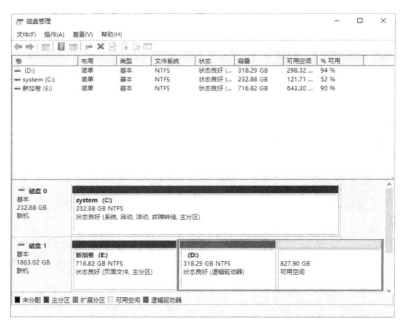

图 9.2 磁盘管理工具

4. 创建新分区

右键点击未分配的空间,选择"新建简单卷"。接下来,按照向导的提示,设置分区的大小、驱动器号等参数,如图 9.3 所示。在设置过程中,可以根据自己的需求选择默认的文件系统为 NTFS,并决定是否启用快速格式化。

图 9.3 "新建简单卷向导"对话框

5. 完成分区

重复上述步骤,可以根据需要创建多个分区。完成分区后,新的分区将出现在文件资源管理器中,可以像使用其他磁盘一样进行文件存储和管理。

9.1.5　使用第三方分区软件进行分区

除了 Windows 系统内置的磁盘管理工具外,还有许多优秀的第三方分区软件可供选择,这些软件通常提供了更为丰富的功能和更灵活的操作方式。以易我分区大师为例,演示一下计算机装新硬盘怎么分区。

1. 选择未分配空间

在易我分区大师中选中磁盘上的未分配空间,在右侧功能列表中选择【创建】,如图 9.4所示。

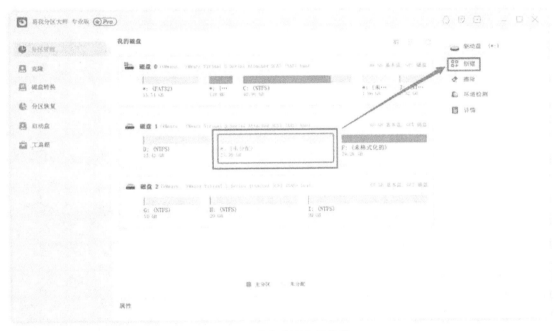

图 9.4　易我分区大师软件

2. 创建分区

在弹出的【创建】窗口中,设置"分区大小""盘符""文件系统"和"分区类型"等信息,设置完成之后点击【确定】,如图 9.5 所示。注意该操作不会立即执行,而是会先被列入待执行操作列表。

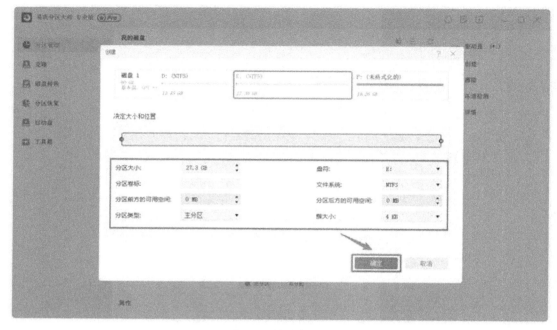

图 9.5 "创建"窗口

3. 执行操作

确定要执行操作时,点击软件右下角的【执行 1 个任务】进入待操作项页面,选择【应用】以执行该项操作,如图 9.6 所示。

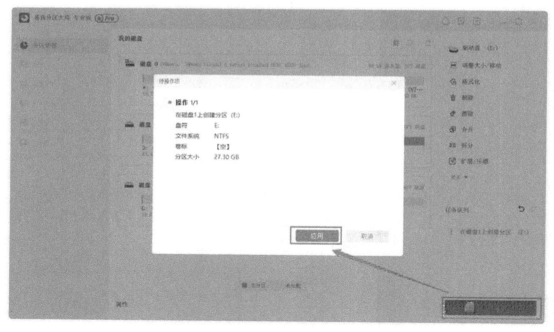

图 9.6 执行操作

4. 注意事项

进行分区操作,都要注意以下几点。

(1)备份数据:虽然新的硬盘上可能还没有存储重要数据,但为了避免意外情况导致数据丢失,建议在操作前备份计算机中的其他重要数据。

(2)谨慎操作:分区操作涉及硬盘的底层结构,因此需要谨慎操作。在操作过程中,务必按照提示进行,避免误操作导致数据丢失或硬盘损坏。

(3)选择合适的分区方案:根据自己的实际需求选择合适的分区方案。例如,可以将系统文件和常用程序安装在 C 盘,而将其他数据和文件存储在其他分区,以便更好地管理和维护计算机。

9.1.6 使用 Disk Manager 软件对硬盘进行分区

Disk Manager 软件的实用性在 9.1.3 中已经介绍,下面介绍 Disk Manager 软件的使用方法。Disk Manager 软件和 Fdisk 一样也是需要系统引导盘引导,在 DOS 的环境下对硬盘进行分区和格式化。

Disk Manager 提供了一个自动分区的功能,完全不用人工干预,全部由软件自行完成。如果选择主菜单中的"(E)asy Disk Instalation"即可完成分区工作, Disk Manager 会把整个硬盘划分成一个分区,而不能根据自己的情况调整分区的大小。一般不用此选项。Disk Manager 主菜单如图 9.7 所示。

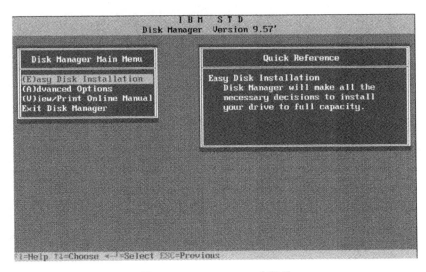

图 9.7　Disk Manager 主菜单

如果想要自己创建分区的大小,可以在主菜单中选择"(A)dvanced Options"进入二级菜单,然后选择"(A)dvanced Disk Installation"进行分区的工作,如图 9.8 所示。

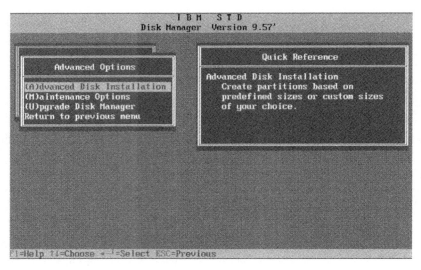

图 9.8　高级选项

如果有多个硬盘,按【Enter】键后会让用户选择需要对哪个硬盘进行分区的工作,如图 9.9 所示。

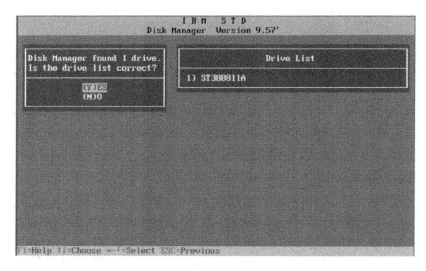

图 9.9　确认硬盘

接下来是分区格式的选择。Disk Manager 提供了很多的文件格式,一般都选择 FAT32 文件格式,如图 9.10 所示。

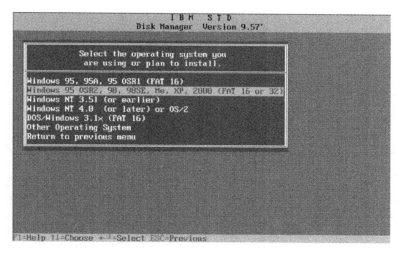

图 9.10   选择文件格式

再往下是一个确认是否使用 FAT32 的窗口，如果选择 Y(ES)， 系统将用 FAT32 文件格式来格式化硬盘，如图 9.11 所示。

图 9.11   使用 FAT32 提示

图 9.12 所示高级分区菜单提供了一些自动的分区方式让你选择。如果需要按照自己的意愿进行分区，"OPTION(A)"表示为将此硬盘分为一个区；"OPTION(B)"表示将此硬盘平均分为 4 个分区；而选择"OPTION(C)"表示为手动分配分区的大小。

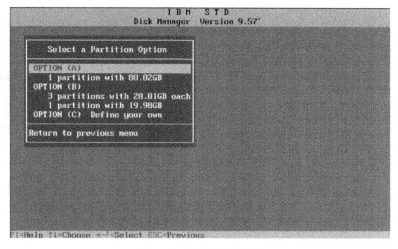

图 9.12   高级分区菜单

　　选择手动分配后,接着要输入硬盘主分区的大小,如图 9.13 所示。接下来设置逻辑分区的大小,直到把剩下的容量划分完成为止,如图 9.14 所示。

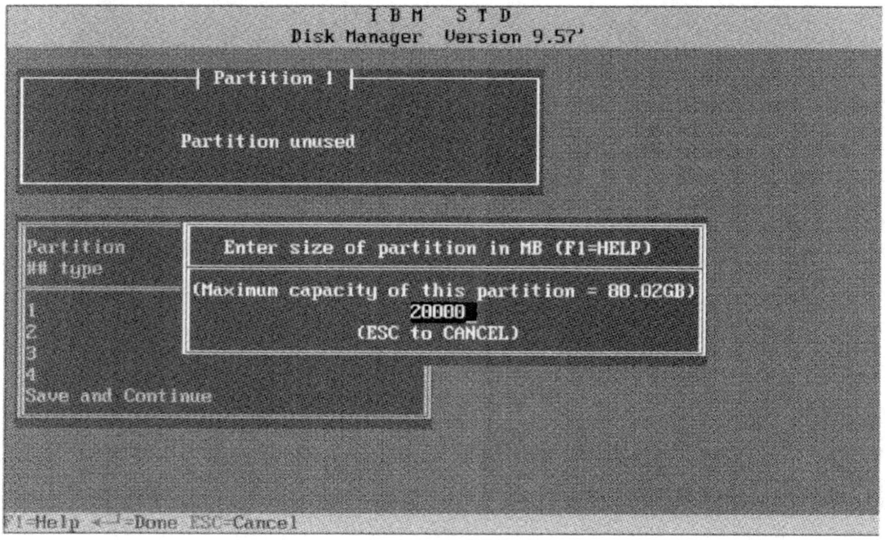

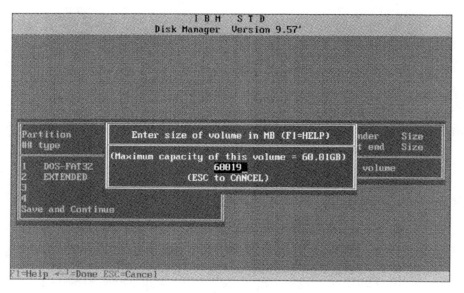

图 9.13　设置主分区大小

图 9.14　划分剩余硬盘容量

设定完成后要选择左侧窗口的 "Save and Continue" 保存设置的结果,如图 9.15 所示。

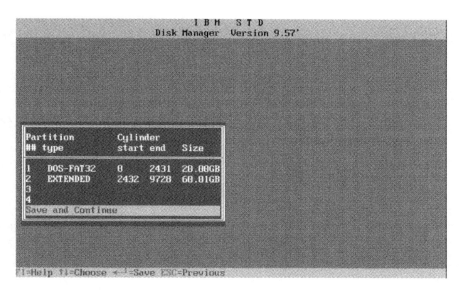

图 9.15　保存结果

此时会出现提示窗口，再次确认所做设置。如果确定按【Alt+C】键继续，否则按任意键回到主菜单，如图 9.16 所示。

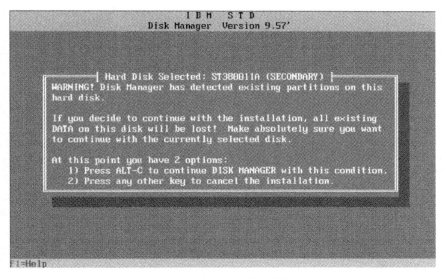

图 9.16　再次确认所执行的操作

完成以上设置后，Disk Manager 软件便会对硬盘进行分区和格式化操作，等待操作执行完毕，重新启动计算机后即可完成操作。

9.2 格式化

磁盘格式化(Format)是在物理驱动器(磁盘)的所有数据区上写零的操作过程,格式化是一种纯物理操作,同时对硬盘介质做一致性检测,并且标记出不可读和坏的扇区。由于大部分硬盘在出厂时已经格式化过,所以只有在硬盘介质产生错误时才需要进行格式化。

格式化的操作方法有如下几种。

9.2.1 在文件管理器中格式化硬盘

Windows 文件管理器也被称为资源管理器,通过文件管理器,用户可以执行诸如创建、复制、移动、重命名和删除文件等操作。此外,文件管理器还提供了文件搜索、文件属性查看、文件夹浏览以及文件压缩与解压缩等功能。下面是在文件管理器中格式化硬盘分区的具体步骤。

首先,在桌面双击"此计算机"即可打开文件管理器,找到需要格式化的硬盘分区,右键点击它,然后选择"格式化"选项,如图 9.17 所示。

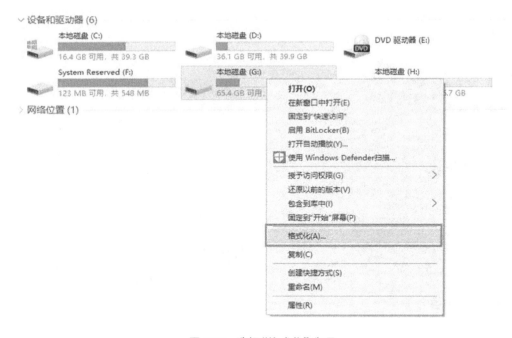

图 9.17 选择"格式化"选项

在弹出的对话框中,选择文件系统类型,比如 NTFS、exFAT;同时勾选"快速格式化"。最后点击"开始"按钮,如图 9.18 所示。

图 9.18 快速格式操作提示

最后，确认操作，开始格式化操作。

9.2.2 使用磁盘管理器格式化硬盘

磁盘管理器是操作系统自带的磁盘管理工具，可以用来进行格式化、创建分区、删除分区等操作。以下是在磁盘管理器中格式化硬盘的具体步骤。

首先，用鼠标右键点击开始菜单，然后选择"磁盘管理"，这样就可以打开磁盘管理器了，如图 9.19 所示。

图 9.19 选择"磁盘管理"

　　然后,在磁盘管理界面找到想要格式化的硬盘分区,右键点击这个分区,然后选择"格式化",如图 9.20 所示。

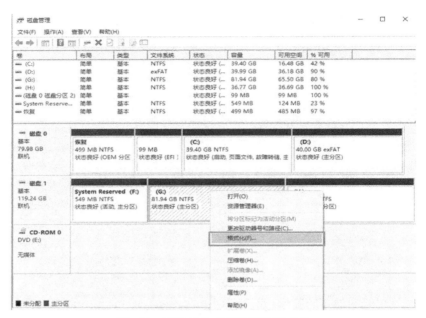

图 9.20　对选择的 G 磁盘进行格式化

　　在弹出的对话框中选择文件夹系统,设置卷标等,然后点击"确定"按钮,如图 9.21。

图 9.21　"格式化"对话框

　　最后,系统会弹出对话框提示,点击"确定"按钮完成操作。

9.2.3　使用分区工具软件将硬盘格式化

　　除了前面两个方法,我们还可以使用分区工具软件 DiskGenius 免费版来格式化硬盘。软件支持将硬盘格式化为 FAT32、NTFS、exFAT、EXT4、EXT3、EXT2 等文件系统类型。比如,想要把某个大于 32 GB 的分区格式化为 FAT32 文件系统时,或是想把硬盘格式化为 EXT4 文件系统时,磁盘管理器无法完成任务,可以使用分区工具来格式化,具体步骤如下。

　　首先,打开 DiskGenius 软件后,可以看到计算机上连接的所有存储设备以及这些磁盘上的分区。选中想要格式化的硬盘分区,然后点击上方的"格式化"按钮,具体操作如图 9.22 所示。

图 9.22　格式化操作步骤

然后,在弹出的对话框上选择想要的文件系统类型,然后点击"格式化"按钮,出现图 9.23 所示提示信息。

图 9.23　格式化信息提示对话框

最后确认即将执行的操作即可完成格式化。

9.2.4　使用 diskpart 命令格式化硬盘

对于高级用户,还可以使用 diskpart 命令来格式化硬盘,不过在使用命令行执行格式化等操作的时候一定要谨慎,因为该命令可以对硬盘进行直接操作,并且格式化操作会导致硬盘上的所有数据丢失。请务必在使用前备份重要数据。以下是使用 diskpart 命令格式化硬盘的具体步骤。

首先，在开始菜单旁的搜索框内输入"cmd"，然后在搜索结果中找到"命令提示符"，之后点击"以管理员身份运行"，如图 9.24 所示。

图 9.24　选择"以管理员身份运行"

然后，在命令提示符中输入 diskpart，然后点击回车键。逐一输入以下命令，如图 9.25 所示，并且在输入每个命令后按一下回车键。这样硬盘就被格式化了。

Diskpart

List volume

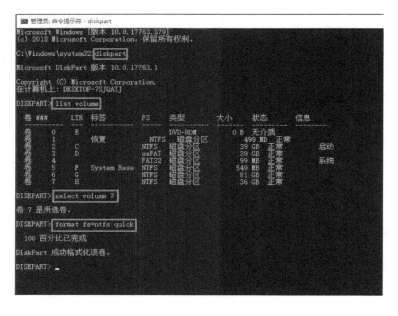

Select volume #（注意:将#替换成想要格式化的分区序号）图中所示分区序号为 7。
format fs=ntfs quick

实训操作

1. 按要求将实验机硬盘合理分区。
2. 对分区后的硬盘进行格式化操作。

小　结

本模块介绍了硬盘分区和格式化的方法,怎样使用分区工具对硬盘进行分区和格式化,以及在硬盘分区和格式化的过程中应该注意的方法。还详细介绍了几款硬盘分区工具进行硬盘分区和格式化的方法,为读者以后的实际应用提供了相应解决方法。

习　题

1. 硬盘分区由主分区、_____和_____组成。
2. MBR 是_____ 的简称。
3. 一个硬盘可以有____ 个主分区,____ 个扩展分区,也可以分四个主分区没有扩展分区,但逻辑分区可以若干。
4. FAT32 文件格式能支持最大为_____的硬盘。
5. NTFS 提供_____、数据保护和_____,并通过目录和文件许可实现安全。
6. 简述 FAT、NTFS 文件的优缺点。

模块 10　安装操作系统和驱动程序

完整的计算机系统包括硬件系统和软件系统,计算机只有硬件(一般称之为"裸机")是不能工作的,还必须要安装操作系统、驱动程序和应用软件,计算机才能够充分发挥它的作用。本章重点介绍计算机操作系统、驱动程序的安装方法和技巧。

10.1　安装操作系统

本节以 Windows 7 操作系统为例,介绍操作系统的安装和设置方法。

10.1.1　U 盘安装 Windows 7 操作系统

1.U 盘重装系统所需工具

装机介质:8 GB 或以上容量的空白 U 盘。

系统版本:Windows 7 企业版。

制作工具:U 盘启动盘制作工具 https://down.diannaodian.com: 9060/DianNaoDian_v7.5_2308.zip

2.U 盘重装系统准备事项

(1)U 盘的启动选项通常包括 USB-HDD 和 USB-ZIP 两种模式。USB-HDD 以其较快的启动速度而受到欢迎,是常见的选择。相比之下, USB-ZIP 模式则更为兼容。因此,在制作启动盘时,需要根据具体情况选择适合的启动模式,以确保兼容性和性能。

(2)重装前请备份好系统分区的重要文件,重装的时候这个分区会被格式化。

(3)下载 win7 系统镜像。其具体操作如下:在微软官方网站上,搜索"Windows 7"或浏览到"Windows"部分,通常,可以在网站的首页或产品菜单中找到相关链接。在 Windows 7 下载页面上,将看到不同版本和语言的选项。选择需要的 Windows 7 版本(如家庭版、专业版、教育版等)和语言(如英语、中文等),确保选择的版本与许可证密钥兼容。微软通常提供一个名为"下载工具"(Download Tool Now)的工具,用于下载 Windows 7 镜像文件,点击或选择该工具的链接,以便获取下载工具。

一旦下载工具完成下载,双击运行它,这个工具下载 Windows 7 镜像文件。

3.U 盘重装系统详细步骤

1)制作 U 盘启动盘

进入首页,切换到【下载中心】,点击【立即下载】,下载电脑店的制作工具,如图 10.1 所示。下载前关闭计算机的防火墙及第三方杀毒软件,避免误删工具的组件。

图 10.1　下载制作工具

插入 U 盘,打开下载好的制作工具下载之后解压,插入一个 8 G 以上的 U 盘,双击打开电脑店的程序,如图 10.2 所示。

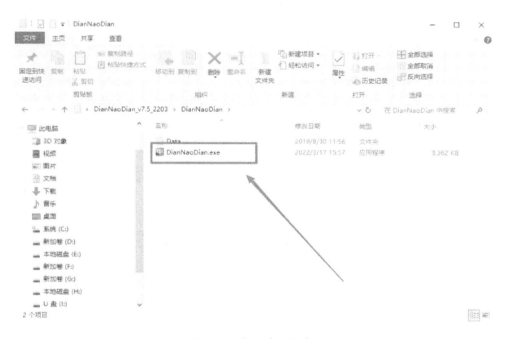

图 10.2　打开应用程序

插入 U 盘,打开软件,可默认界面的选项,直接点击【全新制作】,如图 10.3 所示。

图 10.3　制作启动盘

等待制作,完成后会有提示框提示。

2)设置 U 盘启动

在电脑店官网首页,查询 U 盘启动快捷键,接下来的操作中会用到,如图 10.4 所示。

图 10.4　查询快捷键

U 盘启动盘连接计算机,重启出现开机画面,按 U 盘启动快捷键进入 BIOS 设置界面。在启动项设置界面,按键盘加减号,将 U 盘移动到第一位,按下【F10】保存并退出,如图 10.5 所示。

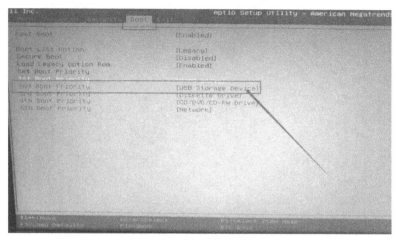

图 10.5　启动项界面设置

再次重启后,计算机会进入电脑店 WinPE 主菜单,选择第一项回车即可进入 PE 系统,如图 10.6 所示。

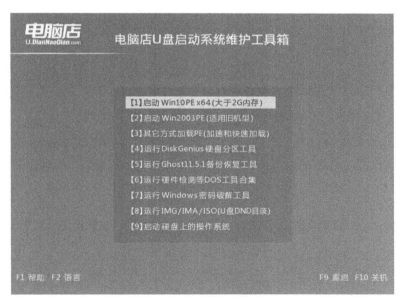

图 10.6　PE 系统设置界面

3)U 盘装系统

如安装 Windows 7 系统,进入 WinPE 桌面,如图 10.7 所示,打开【电脑店一键装机】。

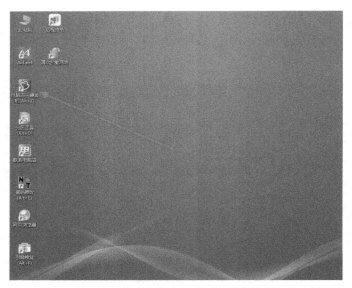

图 10.7　WinPE 桌面

　　在界面中,根据下图所示的提示,选择操作方式、镜像文件以及系统盘符,点击【执行】,具体如图 10.8 所示。

图 10.8　安装操作界面

　　跟着提示操作,最后勾选【完成后重启】,如图 10.9 所示,等待安装重启。

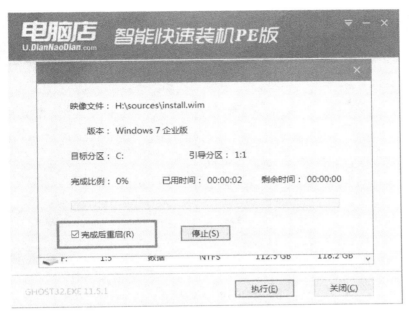

图 10.9　勾选重启选项

等待安装完成,重启计算机后即可进入 Windows 7 系统。

4. 其他

启动 U 盘还有以下几种形式。

(1)安装媒体:这种类型的启动 U 盘包含操作系统的安装文件,例如 Windows、Linux 的安装程序。您可以使用这种启动 U 盘来启动计算机并安装操作系统。

(2)系统维护工具:这种类型的启动 U 盘包含一系列系统维护工具和实用程序,例如磁盘分区工具、数据恢复工具、反病毒工具等。您可以使用这种启动 U 盘来修复计算机上的问题或执行系统维护任务。

(3)救援系统:这种类型的启动 U 盘包含一个完整的操作系统,通常是基于 Linux 的。它们提供了一个完整的操作系统环境,带有许多实用工具和应用程序,可以用来修复损坏的系统、恢复数据、测试硬件等。

(4)预装的工具集:有些启动 U 盘预装了特定的工具和应用程序,例如网络安全工具、系统诊断工具、密码重置工具等。这些工具集可根据不同的需求和用途进行定制。

无论您选择哪种形式的启动 U 盘,都可以通过正确配置和安装所需的软件和文件来满足您的需求。

10.1.2　Windows 10 操作系统的安装

以老友装机大师为例,安装 Windows 10 操作系统,具体步骤如下。

1. 系统检测

下载完软件后正常打开,选择"一键重装系统",程序会默认检测当前系统环境,如图 10.10 所示,检测完成后,点击"下一步"。

图 10.10　系统检测

2. 选择系统

老友装机大师已为您推荐适合计算机配置的系统版本,用户也可选择 Windows 10、Windows 11 或 Windows 7,如图 10.11 所示,根据提示点击"下一步",程序会全自动完成安装步骤。为防止出现安装失败,用户也可以选择"制作启动 U 盘"进行 U 盘装机。最后重启系统即可。

图 10.11　选择系统

10.1.3　使用 Ghost 备份和还原操作系统

Ghost 是目前最常用的一款硬盘复制备份工具,因为它可以将一个硬盘(或分区)中的数据完全相同地复制到另一个硬盘（或分区）中去，因此大家将 Ghost 这个软件称为硬盘克隆软件。

计算机在使用一段时间后，由于病毒破坏或者安装软件过多会导致系统变慢、软件冲突等故障。由于这些软件故障排除起来比较困难，还不如重新安装操作系统方便快捷。

安装一套完整的操作系统，加上安装驱动程序和应用软件可能需要 1 个小时以上，如果要安装一些大型的应用程序，时间会更长。为了解决这个问题，用户可以在安装完操作系统、驱动程序以及所需的应用软件后，使用 Ghost 软件将操作系统所在的 C 盘的内容以一个文件的形式备份到其他分区。这样的话，一旦系统出现瘫痪，使用 Ghost 软件可以很快地将系统还原到以前正常的状态。整个备份或还原的过程，一般只需要几分钟。

Ghost 软件一般有两种版本，一种是在 DOS 下运行，一种是在 Windows 下运行，两者具有统一的界面，可以实现相同的功能；但是 Windows 系统下的 Ghost 不能恢复 Windows 操作系统所在的分区，因此在这种情况下需要使用 DOS 版。启动 Ghost 软件后，会出现如图 10.12 所示的启动界面。

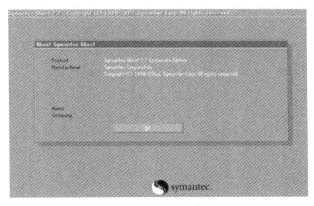

图 10.12 Ghost 启动界面

不用理会界面中英文的含义，单击"OK"按钮即可进入。如图 10.13 所示的 Ghost 主界面。

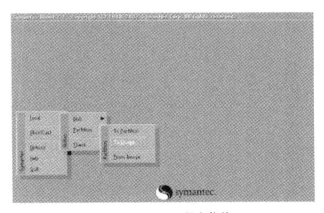

图 10.13 Ghost 程序菜单

Ghost 软件一般只使用"Local"菜单组里的功能。常用的菜单选项有以下几个。

（1）Disk To Disk：硬盘到硬盘的复制。此选项适用于多台配置完全相同的计算机的快速安装系统。

（2）Disk To Image：把硬盘的内容复制成一个映像文件。需要注意，该文件必须存储到其他磁盘上。

（3）Disk From Image：通过已有的映像文件还原硬盘数据。

（4）Partition To Partition：把某个分区的内容完全复制到另一个分区上去。

（5）Partition To Image：把某个分区的内容备份成一个映像文件。该操作比较常用，通过这个操作，可以把操作系统所在的分区（一般为 C 盘）备份为一个映像文件，存储到其他分区上，以供日后恢复使用。

（6）Partition From Image：通过映像文件还原分区的数据。该操作也比较常用，当系统崩溃时，可以通过第（5）项生成的备份文件还原系统所在分区。

下面以将操作系统所在分区备份成一个映像文件的操作为例，选择"Partition To Image"，接下来会出现如图 10.14 所示的界面，要求用户选择要备份的硬盘。

图 10.14　选择硬盘

注意：如果计算机上安装了两块以上的硬盘，操作时一定要特别小心，不要把硬盘搞混了。

选好硬盘，单击"OK"按钮，进入如图 10.15 所示的界面，要求用户选择要备份的分区。

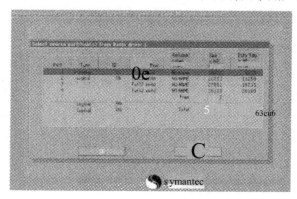

图 10.15　选择分区

选中操作系统所在的分区(一般为第 1 个,即 C 盘),单击"OK"按钮进入如图 10.16 所示的界面,要求用户选择生成的映像文件的分区、文件夹及文件名。

图 10.16　选择路径及填写文件名

注意:生成的映像文件不能选择要备份的分区,并且要确认所在的分区有足够的空间。例如 C 盘分区大小为 10 GB, 已使用空间为 5 GB,则生成映像文件大小一 般不会超过 3 GB。

在中文文件夹显示为乱码是正常的,设置好映像文件所在路径和文件名后,单击"Save", 会出现如图 10.17 所示的界面,要求用户选择压缩的模式。

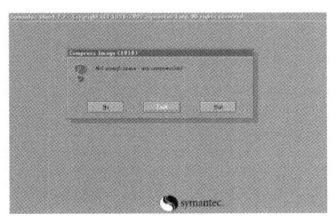

图 10.17　选择压缩模式

选择"Fast", 执行速度较快;而选择"High", 映像文件的压缩比较高,更节省空间。如果硬盘空间比较充裕,建议选择"Fast"。

接下来软件给出一些提示,直接单击"Yes"按钮继续即出现如图 10.18 所示界面,软件正在生成映像文件,上方显示进度情况,下方显示一些基本信息。进度达到 100%后,会自动停止或提示用户重新启动。

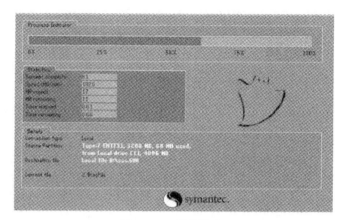

图 10.18　运行进度

到此备份的过程已经完毕。其他操作过程都与之类似。

Ghost 的使用虽然难度不大,但对一些英语较差的用户,会相对头疼一些。为了解决这个问题,互联网上有一款叫作"一键备份恢复系统"的软件,该软件运行在 Windows 环境下,使用非常简单。

运行该软件,界面如图 10.19 所示,只需选择要备份或恢复的分区、映像文件的路径及文件,软件会自动重新启动,调用 Ghost 软件备份或恢复。

图 10.19　一键备份恢复系统

10.2　安装驱动程序

10.2.1　驱动程序概述

驱动程序(Device Driver)全称为设备驱动程序,是一种可以使计算机和设备通信的特殊程序,也可以说是硬件的接口。操作系统只能通过这个接口才能控制硬件设备的工作。假如某设备的驱动程序未能正确安装,便不能正常工作。

当操作系统安装完毕后,首先要做的就是安装硬件设备的驱动程序。不过大多数情况下,并不需要安装所有硬件设备的驱动程序,例如硬盘、显示器、光驱、键盘、鼠标等就不需要安装驱动程序,而显卡、声卡、扫描仪、摄像头、Modem 等就需要安装驱动程序。一些设备不需要安装操作驱动程序,并不意味着它们不需要,其实所有设备的运行都需要驱动程序的支持。

计算机部件的驱动程序一般来源于以下几个方面。

1. BIOS 支持

BIOS 提供了计算机基本硬件的支持,也就是说 BIOS 提供了计算机基本部件,如 CPU、内存、显卡等的驱动程序。一般当进入操作系统后,这些驱动程序会被更高版本的驱动程序所替代,从而发挥更高的性能。例如,开机时,显卡使用的是 BIOS 中的驱动程序,显示的分辨率非常有限；当进入操作系统后，显卡使用的是操作系统内置或生产厂商提供的驱动程序，显示分辨率、刷新频率等性能将得到大幅提升。

2. 操作系统内置

Windows 系列的操作系统，尤其是 Windows 10 内置了大量的驱动程序，操作系统会根据硬件的型号自动为其安装驱动程序。这就是为什么使用 Windows 10 操作系统时，需要手动安装驱动程序很少的原因。

3. 手动安装硬件厂商提供的驱动程序

对于一些较新的部件，操作系统不能识别并自动安装驱动程序，这时就需要手动安装。一般硬件在购买时都会提供驱动程序的光盘，也可以到互联网上下载最新的驱动程序进行安装。

10.2.2　安装驱动程序

Windows 操作系统安装好后，大部分硬件的驱动程序已经安装，并可正常工作。 依次单击"程序"→"控制面板"→"系统"→"硬件"→"设备管理器"，打开"设备管理器"窗口（如图 10.20），查看驱动程序的安装情况。

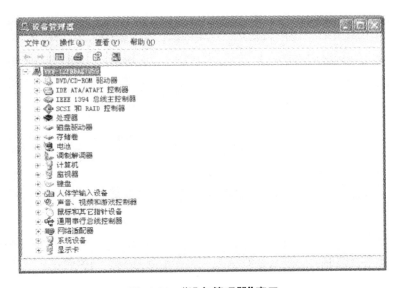

图 10.20　"设备管理器"窗口

如果某项设备有"?"或"!"标记，表示该设备驱动程序没有安装或驱动程序错误。这些设备的驱动程序可以从生产厂商提供的驱动光盘或从互联网上下载。手动安装驱动程序的方法有以下几种。

1. 使用驱动程序的安装文件

现在绝大部分生产厂商提供的驱动程序都提供了安装文件，只要运行安装文件，根据提示单击"下一步"按钮就可以了。

2. 使用硬件更新向导搜索驱动程序

有些生产厂商将很多型号的驱动程序都放在了一张光盘内,这给驱动程序的安装造成了困难。有些驱动程序没有提供安装文件,只提供了驱动程序的文件,也需要手动搜索。

操作方法是:在设备管理器中,选中驱动程序没有安装成功的选项,单击鼠标右键,选择"更新驱动程序",在接下来的页面中选择"不连接 Internet",进入如图 10.21 所示的硬件更新向导。可以选择"自动安装软件"进行尝试,如不能正确安装,选择下面的"从列表或指定位置安装",进入如图 10.22 所示的界面。

图 10.21 硬件更新向导(一)

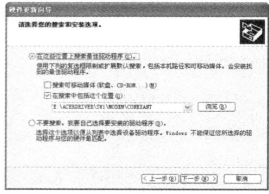

图 10.22 硬件更新向导(二)

如果知道驱动程序的确切位置,可以指定位置;如果不知道驱动程序位置,可以插入驱动程序光盘,选中"搜索可移动媒体"进行搜索。

3. 非即插即用设备驱动程序的安装

现在绝大部分设备都支持即插即用(PNP), 即设备连接上后,操作系统都能够检测到设备的存在,并且自动安装驱动程序或提示用户安装。只有极个别的设备不支持即插即用,如一些游戏手柄等。对于非即插即用设备,可以使用控制面板中的"添加新硬件"来手动安装驱动程序。

提示:驱动程序安装错误会导致设备工作不正常,严重时会造成系统死机甚至瘫痪,无法启动。驱动程序,尤其是显卡驱动,在安装之前一定要确认驱动程序与设备是否匹配。

实训操作

1. 使用 U 盘安装 Windows 7 操作系统。
2. 用老友器机大师软件安装 Windows 10 操作系统。

小 结

完整的计算机系统要靠硬件与软件协同工作,组装完计算机后,一般应马上为其安装操作系统和驱动程序。一般用户使用的都是 Windows 系列的操作系统,其安装过程非常简单,一般使用光盘,参照提示一步一步安装。成功安装完操作系统后可以使用 Ghost 软件对操作系统所在分区进行备份,一旦系统出现问题,可以使用该备份进行恢复。驱动程序是硬件的接口,所有设备都需要有驱动程序才能正常工作,但需要用户手动安装的并不多,一般是使用生产厂商提供的驱动程序进行安装。

习　题

1. 完整的计算机系统包括_____和_____。

2. 只包含硬件的计算机一般称为_____。

3. Windows 系列操作系统主要有_____等。

4. 硬件的驱动程序主要来源于_____和_____

_____。

5. 安装系统时,没有为键盘安装驱动程序,但键盘仍然可以正常使用,是否意味着键盘不需要驱动程序? 回答_____(是/否)。

6. 在 Windows 7 操作系统中,驱动程序的安装情况可以在_____中查看。

7. 即插即用是指_____。

8. 简述驱动程序的安装方法。

模块 11   计算机故障与维修

计算机在使用过程中难免遇到各种问题,导致正常工作。本章重点介绍计算机的软硬件故障及其诊断方法和流程。

11.1   计算机故障概述

11.1.1   计算机故障分类

计算机常见故障有很多种,主要可以分为以下三类。

1. 假故障

假故障通常是由于人为疏忽造成的,而非系统本身的问题,例如,主机或显示器电源没有连接或未启动,鼠标或键盘没有连接或接入了错误的接口等。这类问题只要细心检查一下,一般就可以解决。

2. 硬件故障

硬件故障有 CPU 散热不良造成的系统死机或频繁重启、硬盘连接或设置不当造成系统不能正确识别硬盘从而无法进入操作系统、显卡故障造成显示器花屏或频繁抖动等。本模块重点介绍硬件故障的诊断方法、流程以及相应的解决方法。

3. 软件故障

软件故障有操作系统损坏造成的系统无法启动、驱动程序没有安装或安装错误造成某些设备不能正常使用、应用软件不能正常使用等,如图 11.1 所示。

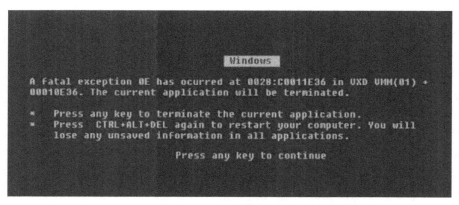

A fatal exception 0E has occurred at 0028:C0011E36 in VXD VMM(01) + 00010E36. The current application will be terminated.

* Press any key to terminate the current application.
* Press CTRL+ALT+DEL again to restart your computer. You will lose any unsaved information in all applications.

Press any key to continue

图 11.1   系统蓝屏

计算机故障还可以进一步分类,如加电类故障、启动与关闭类故障、磁盘类故障、显示类故障、安装类故障、操作与应用类故障、局域网类故障、端口与外设故障、音视频类故障、兼容类故障等。

11.1.2 计算机故障的诊断原则

1. 先静后动

在处理故障时,首先要分析考虑问题可能出在哪里,然后再动手操作。这样做能够减少一些不必要的检查环节,也可以避免不当操作给计算机造成更严重问题。先想后做包括以下几个方面。

(1)先想好怎样做,从何处入手,再实际动手。也可以说是先分析判断,再进行维修。

(2)对于所观察到的现象,尽可能地先查阅相关资料,看有无相应的技术要求和使用特点,然后根据查阅到的资料再着手维修。

(3)在分析判断的过程中,要根据自身已有的知识、经验来进行判断,对于自己不太了解或根本不了解的问题,一定要先找有经验的专业人员。

2. 先外后内

首先检查主机和显示器的外部电源、设备是否正常开启,线路连接是否正确。确认外部没有问题后再打开机箱,检查机箱中主板、显卡等硬件设备。例如,若计算机开机后显示器黑屏,怀疑是 CPU 或显卡的问题,马上打开机箱替换该设备,故障依旧,折腾数小时后突然发现是由于显示器电源线连接松动造成显示器没有工作,小小的问题却浪费了大量的时间。

3. 先软后硬

先判断是否为软件问题造成的故障,确认软件系统没有故障后再检查硬件是否有故障。

4. 先简单后复杂

即先处理简单问题,例如使用最小系统法,只保留计算机最基本的部件,再逐步添加设备。又如某黑屏故障,怀疑为 CPU 或显卡的问题,可先判断显卡,因为显卡的拆卸比 CPU 要方便得多,具体操作流程如图 11.2 所示。

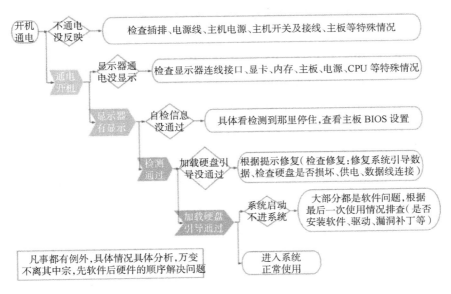

图 11.2 计算机故障诊断流程

11.1.3　计算机维修级别

发现故障后就需要进行维修。在计算机维修中,根据维修对象的不同,可分为以下三个级别。

1. 一级维修

一级维修也叫板级维修,其维修对象是计算机中某一部件或某一设备,如主板、显卡、内存、显示器等,还包括一些软件的设置,如图 11.3 所示。在这一级别,其维修方法主要是通过本模块所介绍的一些基本方法来定位故障部件,并予以排除。例如,有一台计算机开机后无任何显示。作为一级维修,只需要判断出此现象是由于显示器的原因引起的,还是显卡、主板或其他部件的原因引起的。只要判断出引起故障的部件,并更换掉有故障的部件,即完成维修任务,而不需要去维修损坏的主板或显卡。

图 11.3　一级维修

在一级维修中,主要的工作包括调整计算机的运行环境(即软硬件的配置),利用已有的知识、经验、相关资料及相应的维修方法,判断并定位故障所在的位置,然后更换有故障的部件或设备。一级维修看似简单,却需要维修人员有丰富的关于软硬件系统的知识和经验,并掌握一些基本的故障诊断方法。

2. 二级维修

二级维修是一种对元件、器件的维修,如图 11.4 所示。它是通过一些专业的设备如万用表、示波器来定位部件中有故障的元件、器件,从而排除故障。例如,在上例中,如果是二级维修,就不仅要判断出是哪个部件,还要判断出是该部件上的哪一个器件或元件出现故障,并修复有故障的元器件,才算完成维修任务。二级维修不再是简单的替换部件,而是维修有故障部件的元器件。

图 11.4　二级维修

3. 三 级 维 修

三级维修也叫线路维修,就是针对电路板上的故障进行维修。还是上例,如果是线路设计或线路故障引起的故障,就需要三级维修人员来维修,如图 11.5 所示。

图 11.5　三级维修

从这三个级别的维修内容来看,高一级的维修必然要包含低一级的维修,且一级维修是所有级别维修的基础。需要进行三级维修的计算机故障是极少的,最多的是二级维修和一级维修。由于计算机部件的成本不断降低,在现在的计算机维修中,主要采用的是一级维修。

11.2　计算机硬件故障诊断

11.2.1　假故障的诊断

在平时遇到的计算机故障现象中,很多时候并不是真正的硬件故障,而是由于人为操作不当,某些设置或系统特性不为人知而造成的假故障现象。首先来认识一下这些假故障,从而帮助用户迅速地确认故障原因,避免不必要的故障诊断工作。

1. 供电问题

确认电源插座、开关是否正常连接。

(1)显示器电源开关未打开,会造成"黑屏"或"死机"的假象。

(2)打印机、扫描仪等都是独立供电设备,如发现没有正常工作,首先应该检查电源插头是否接触良好,电源开关是否打开。

(3)有些外置设备如移动硬盘、外置光驱也需要单独供电,如没有连接电源会导致设备无法正常工作。

2. 连线问题

连线包括主机内部的连线和外设跟主机之间的连线。数据线连接错误、接触不良均会导致假故障。

(1)显示器接头松动会导致屏幕偏色、无显示等故障。

(2)机箱电源开关与主板连接错误可导致开关按钮失灵。

(3)机箱 USB 接口与音频接口也需要与主板正确连接才能正常工作,连接错误或没有连接会导致 USB 接口和音频接口无效。

(4)鼠标和键盘的 PS/2 接口不能混插,插错会导致鼠标、键盘无法工作,甚至计算机无法启动。

3. 设置问题

设置包括很多,如显示器的设置、CMOS 的设置、操作系统的设置等。

(1)音箱不发出声音可能是音量开关被关掉或调到了最低,或者是因为声卡驱动安装错误或音量控制处已经禁音。

(2)显示器无显示或显示扭曲,可能是显示器设置不当;屏幕显示色彩不鲜艳可能是由于显示设置中的颜色质量设置不当;屏幕闪烁可能是由于刷新频率设置不当。

(3)一条数据线上的两个 IDE 设备不能正确识别,可能是主从跳线设置不当。

(4)计算机某些接口不能用或某些设备无法正常工作,可能是由于 CMOS 参数设置不当造成。

4. 其他问题

很多"故障"其实并不是真正的故障,可能是用户对计算机的操作陌生,对硬件设备或操作系统的特性和功能不够了解。发生了故障,首先应先判断自身操作是否有疏忽或不当之处,而不要盲目断言某设备出了问题直接进行更换。

（1）U 盘的常见故障包括物理损坏、文件系统损坏、数据丢失、驱动程序问题、分区表损坏、病毒感染、不正确拔取、文件异常关闭、文件恢复后损坏、USB 接口问题、U 盘本身问题、病毒或恶意软件问题、分区或文件系统问题。

（2）光盘不能读写可能是光盘被放反了。

（3）无线鼠标或键盘不能正常工作,有可能就是用户误以为这些设备能够直接使用,而忽略这些外部无线设备需要连接无线的发射装置。

（4）网络不通,可能是由于网线连接错误或本地连接没有启动。

11.2.2　硬件故障诊断方法

计算机的故障一般是指硬件故障。硬件故障诊断的重点是迅速地确定故障的位置,并判断引起故障的设备或部件是否真正发生了物理损坏,或者只是由于连接或设置的问题。作为常见的一级维修项目,如果是连线或设置的问题,故障应该能够迅速排除;如果是物理损坏,只需要更换新的部件即可解决故障。

硬件故障诊断的基本方法有以下几种。

1. 观察法

在计算机出现故障时不要急于插拔、替换设备,应先细心地进行观察。观察包括"看、听、摸、闻"四个方面。

（1）"看"即观察电源线、插座、数据线以及其他连线是否正常连接;各个风扇是否正常转动,主板及其他部件是否有烧焦变色痕迹、部件中是否有异物等;另外还需要观察显示器上是否有错误提示信息。

（2）"听"即观察各个风扇、软驱、硬盘等是否有异常响声。如风扇声音过大可以进行除尘和加机油润滑。另外,更重要的是要听是否有自检通过的"嘀"的一声,是否有其他错误的报警音。

（3）"摸"即用手触摸部件,看是否松动或接触不良,若松动则将其插紧;另外,在加电的情况下靠近或触摸 CPU、硬盘等部件,判断其温度是否正常。

（4）"闻"即闻主机、显示器中是否有烧焦的气味。

此方法应在其他诊断方法之前进行,这样可以少走弯路,帮助维修人员迅速地定位故障。

2. CMOS 还原法

CMOS 还原法即通过短接放电跳线或取下 CMOS 供电电池等方法,使 CMOS 还原到初始设置。该方法主要适用于计算机无法正常启动的情况。由于病毒破坏或者人为误操导致 CMOS 参数遭到破坏,如 CPU、内存等参数设置过高会导致计算机无法启动。通过放电,CMOS 参数被还原到较低的水平,从而可以顺利启动计算机,接下来再根据机器情况对 CMOS 参数作适当调整,故障即可顺利解决。

3. 拔插法

插拔法是硬件故障诊断中一种常用的方法。一般计算机出现故障时，多数情况并不是硬件的真正物理损坏，有时只需要重新插拔部件即可解决故障，此方法适用于使用时间较长的机器因部件接触不良所引起的故障。

插拔法的基本步骤如下。

（1）关闭电源，取下怀疑有故障的部件。

（2）对部件和主板接口和数据线进行清洁。可以使用毛刷或除尘皮吹轻轻除去主板、外设上的灰尘；另外，由于板卡上一些插卡或芯片常会造成引脚氧化，接触不良，可用橡皮擦去表面氧化层。

（3）重新插接部件，开机检查故障是否排除。

拔插法是定位硬件故障的一种非常简捷的方法。使用该方法可以在每次关机后，依次将某些部件进行插拔，重新开机后观察机器运行状态；一旦插拔某部件后计算机运行正常，那么故障很可能是该部件问题所致。

4. 最小系统法

在采用插拔法维修计算机故障时，选择插拔部件的顺序是很有学问的。另外，如果所有部件均插拔完毕，系统仍不能正常工作时，可怀疑某部件出现了损坏。最小系统法结合插拔法一块使用，可帮助迅速地定位故障。

计算机硬件最小系统包括电源、主板、CPU、风扇、内存和显卡。最小系统法，即只保留电脑运行所必需的这几个组成部件，首先查看在最小系统的状态下计算机是否正常工作。如果计算机开机后没有发出"嘀"的一声，表示自检没有通过，则可以定位故障在这几个部件上，并通过插拔法和下面介绍的替换法继续定位具体的故障位置；如果在最小系统的状况下，系统自检顺利通过，则每次关机后只增加一个部件，如硬盘、光驱、网卡等，检查系统是否可以正常启动。一旦增加某个部件后系统无法启动，则故障很可能由该部件所致。

5. 替换法

如果通过前面的方法，还不能完全定位故障，只能将故障的原因怀疑到某几个部件上。那这些部件是真正的物理损坏，还是由于接触不良或设置不当所致呢？这就需要用到替换法来解决了。所谓替换法包括以下两个方面内容。

（1）将一款与被怀疑导致故障的部件型号相似且工作正常的部件安装到故障计算机中，如果电脑故障解决，则可判定该部件即为故障所在；如果故障依旧，则继续替换其他被怀疑的部件。

（2）将被怀疑的部件安装到另一台正常工作的计算机中去，如果计算机仍能够正常工作，说明该部件没有损坏；如果导致该计算机出现故障，则可以判断该部件损坏。

另外，替换的顺序要依照一定的原则进行。

（1）根据故障的现象分析需要进行替换的部件或设备，并根据维修经验和部件故障的概率进行替换，发生故障可能性高的先进行替换。

（2）替换法与插拔法一样，要按照先简单后复杂的顺序进行，即先替换容易换的，如先内存、显卡、CPU，后主板。

（3）替换法应首先检查与怀疑有故障的部件相连接的数据线、电源线及其他连线等，其次替换被怀疑有故障的部件,再次是替换供电部件,最后是与之相关的其他部件。

6. 比较法

比较法与替换法类似,即用好的部件与被怀疑有故障的部件进行外观、设置、运行表现等方面进行比较,从而判断该部件是否为故障所在。也可运行两台相同或相似的计算机,比较故障计算机在环境设置、硬件配置等方面的不同,从而找出故障部位。

例如,机房的某台机器主机箱上的外置 USB 接口不能正常工作,怀疑是外置连线与主板连接不正确所致;但是找不到该款主板说明书,无法得知应连接到主板的哪组针脚,且连接顺序也不清楚。对于这种情况,可以使用比较法,打开另一台能够正常工作的机器,察看 USB 连接线的连接情况,从而更正故障机器的连接。重新启动后,故障可能解决。

此方法适用于机房等设备较多的场合,尤其对 CMOS 设置及软件故障等的检测非常有效。

7. 敲击法

用手指轻轻敲击机箱外壳,有可能解决因接触不良或虚焊造成的故障问题。这种方法尤其对于机箱内风扇噪声过大的故障比较有效。但一定要注意,敲击力量不要过大,否则会导致计算机产生其他故障。

8. 程序诊断法

使用专门的硬件诊断程序来检测计算机的工作状态,从而判断故障原因。例如,某计算机经常出现死机,可使用专业检测软件来检测 CPU 的工作温度,发现温度过高,则故障原因可能是 CPU 风扇工作不正常、机器散热不佳或计算机超频工作等原因所致。

9.BIOS 升级法

对于某些主板的故障,不一定是主板发生了物理损坏,有时只需要重新刷新 BIOS 故障即可解决。主板对新的硬件、新的功能不能完全支持或系统存在某些 BUG 时,升级 BIOS 可能会起到意想不到的结果。例如,某款比较老的主板安装了一款大容量的硬盘,发现容量不能完全识别,升级 BIOS 后,故障马上解决。

10. 测量法

测量法是使用专业的测量工具,如万用表来测量部件或设备上元器件的电流、电压及电阻等。此方法是芯片级维修常用的手段。

此外,硬件故障诊断方法还有隔离法、逐步添加/去除法、升温/降温法等。

11.3 软件故障的解决方法

11.3.1 系统软件故障的解决方法

操作系统故障比较常见,可能是病毒破坏或非法关机等原因造成的系统文件损坏。解决方法有如下几种。

1. 替换受损文件

系统在运行时可能提示“XX 系统文件损坏”,可尝试从其他正常工作的计算机中复制该系统文件。

2. 查杀病毒

病毒可能会破坏系统文件,应使用最新版本的杀毒软件查杀病毒。最好在系统启动时或者在安全模式下杀毒,不要在进入系统后再杀毒,否则病毒可能查杀不彻底。

3. 使用开机时的系统选单进行修复

计算机开机后按【F8】键进入系统选单,可以使用"安全模式""上一次正确配置"等选项进行修复。

4. 使用恢复控制台修复

Windows 操作系统提供恢复控制台的功能,可以使用系统安装盘光盘启动,进入"恢复控制台"。使用恢复控制台对维修人员的能力要求较高。

5. 重新安装操作系统

对于操作系统的故障,使用前面的方法也不一定能够修复,而且如果没有专业维修经验,可能花费时间较长。如果计算机上没有什么重要文件的话,建议重新安装操作系统或使用 Ghost 之类的软件还原系统,所用时间更短。

> 提示:重做系统后,C 盘的数据会丢失。因此,重新安装或还原操作系统前,一定要把 C 盘里的重要数据进行备份。

11.3.2　应用软件故障的解决方法

应用软件的故障是指 Office、QQ 等应用软件不能够正常工作。故障一般是由于病毒或应用软件的文件损坏、安装不正确或与其他软件冲突等原因造成的。应用软件故障解决的方法有以下几种。

1. 杀毒

杀毒是解决软件故障的一个重要步骤。当应用软件出现异常或故障时,首先应该考虑的是病毒或恶意软件感染的可能性。使用防病毒软件(如 Windows Defender)进行全面扫描,特别是在安全模式下进行彻底查杀,可以有效清除病毒或恶意软件,从而解决由它们引起的软件故障。

2. 卸载重装

一些软件故障是由于文件损坏造成的,直接修复还不如重装一遍节省时间。首先卸载该应用软件,可以使用该软件自带的卸载程序,如没有卸载程序,可以使用控制面板中的"添加/删除程序"进行卸载。卸载程序可能卸载不彻底,可使用第三方工具软件,如 Windows 优化大师来清理系统及注册表里的垃圾。卸载完成后重新安装该软件即可。

3. 其他方法

不同应用软件出现的故障五花八门,解决方法也是多种多样,这需要平时经验的积累才能够掌握。

11.4　硬件故障诊断工具

对于计算机维修,除了要掌握前面介绍的一些基本方法,还需要有扎实的理论基础和丰富的经验,必要时还需要借助一些维修工具与仪器设备。除了常用的螺丝刀、钳子、烙铁外,还需要一些专业的维修工具和仪器设备。

提示:一般用户只需重点掌握主板测试卡的使用方法,其他工具作为简单了解。

11.4.1 万用表

万用表是维修中常用的一种测量电路及元件电信号的工具之一,如图 11.6 所示。它通常可以测量交流、直流电压和电流,以及电阻等多种参数。万用表通常按照测量结果显示方式分为指针式和数字式两大类。

使用万用表维修,需要用户有丰富的电路方面的知识。一般专业维修人员会借助此工具进行芯片级维修。

11.4.2 主板诊断卡

主板诊断卡也叫 DEBUG 卡、POST(Power On Self Test)卡或主板测试卡等,如图 11.7 所示。通过主板诊断卡可以诊断计算机在启动过程中的错误位置。

图 11.6 万用表

图 11.7 主板诊断卡

　　主板诊断卡的工作原理其实很简单,每个厂家的 BIOS,无论是 Award、Ami 还是 Phoenix 都有 POST CODE,即开机自我侦测代码。BIOS 存储着计算机开机自检及引导程序,当 BIOS 要进行某项测试动作时,首先将该 POST CODE 写入 80H 地址,如果测试顺利完成,再写入下一个 POST CODE。因此,如果发生错误或死机,根据 80H 地址的 POST CODE 值,就可以知道问题出在什么地方。

　　主板诊断卡的作用就是读取 80H 地址内的 POST CODE,并经译码器译码,最后由数码管显示出来。通过主板诊断卡上显示的 16 进制代码判断问题出在哪个位置,而不用仅依靠计算机主板那几声单调的警告声来粗略判断硬件错误了。通过它可知道硬件检测没有通过的是内存还是 CPU,或者是其他硬件,方便直观地解决复杂的维修问题。主板诊断卡的使用方法如图 11.8 所示。

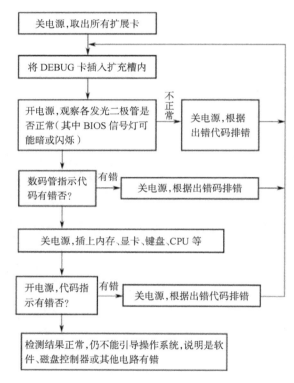

图 11.8　主板诊断卡的使用方法

　　主板诊断卡上显示的代码具体表示什么含义,这时还需要查看诊断卡的说明书。一般在主板说明书上都会明确写出各个指示灯的含义及不同品牌 BIOS 下显示代码的含义,如表 11.1 和表 11.2 所示。

表 11.1　某主板诊断卡说明书中指示灯的含义

灯名	中文意义	说明
CLK	总线时钟	不论 ISA 或 PCI 只要一块(无 CPU 等)接通电源就应常亮,否则 CLK 信号坏

续表

灯名	中文意义	说明
BIOS	基本输入输出	主板运行时对 BIOS 有读操作时就闪亮
IRDY	主设备准备好	有 IRDY 信号时才闪亮,否则不亮
OSC	振荡	ISA 槽的主振信号,空板上电则应常亮,否则停振
FRAME	帧周期	PCI 槽有循环帧信号时灯才闪亮,平时常亮
RST	复位	开机或按了 RESET 开关后亮半秒钟熄灭属正常,若不灭常因主板上的复位插针接上了加速开关或复位电路坏
12 V	电源	空板上电即应常亮,否则无此电压或主板有短路
-12 V	电源	空板上电即应常亮,否则无此电压或主板有短路
5 V	电源	空板上电即应常亮,否则无此电压或主板有短路
-5 V	电源	空板上电即应常亮,否则无此电压或主板有短路(只有 ISA 槽才有此电压)
3V3	电源	这是 PCI 槽特有的 3.3 V 电压,空板上电即应常亮,有些有 PCI 槽的主板本身无此电压,则不亮

表 11.2　某主板诊断卡说明书中部分代码的含义

代码	Award BIOS	Ami BIOS	Phoenix BIOS 或 Tandy 3000 BIOS
00		已显示系统的配置,即将控制 INI19 引导装入	
01	处理器测试 1,处理器状态核实如果测试失败,循环是无限的	处理器寄存器的测试即将开始,不可屏蔽中断即将停用	CPU 寄存器测试正在进行或者失败
02	确定诊断的类型(正常或者制造),如果键盘缓冲器含有数据就会失效	停用不可屏蔽中断,通过延迟开始	CMOS 写入/读出正在进行或者失灵
03	清除 8042 键盘控制器,发出 TESTKBRD 命令(AAH)	通电延迟已完成	ROM BIOS 检查部件正在进行或者失灵
04	使 8042 键盘控制器复位,核实 TESTKBRD	键盘控制器软复位/通电测试	可编程间隔计时器的测试正在进行或失灵
05	如果不断重复制造测试 1 至 5,可获得 8042 控制状态	已确定软复位/通电;即将启动 ROM	DMA 初始页面寄存器读/写准备正在进行或失灵

常见的错误代码含义如下。

(1)"C1"表示内存读写测试。如果内存没有插上,或者频率太高,会被 BIOS 认为没有内存条,那么 POST 就会停留在"C1"处。

(2)"OD"表示显卡没有插好或者没有显卡。此时,蜂鸣器也会发出嘟嘟声。

(3)"2B"表示磁盘驱动器、软驱或硬盘控制器故障。测试磁盘驱动器、软驱或硬盘控制器出现问题,都会显示"2B"。

(4)"FF"表示对所有配件的一切检测都通过了。但如果一开机就显示"FF",这并不表示系统正常,而是主板的 BIOS 出现了故障。导致的原因可能是 CPU 没插好、CPU 核心电压没调好、CPU 频率过高、主板有问题等。

一般普通的主板诊断卡价格只有几十元,用户是完全可以接受的。一些专业级的主板诊断卡会拥有更多的功能,其代码显示从 2 位升至 4 位甚至更多。

11.5　POST 自检

在打开电源后,计算机马上会调用 BIOS 中的程序,并对计算机的硬件进行部分检测,即加电自检 POST。用户可以根据 POST 检测结果给出的提示,迅速判断故障的原因。如图 11.9 所示

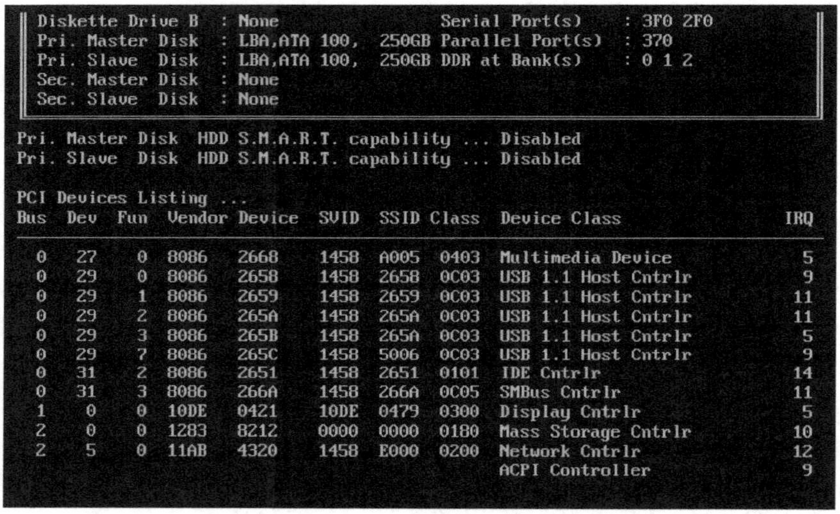

图 11.9　POST 自检程序

11.5.1　POST 自检的过程

在接通电源后,主板会给 CPU 一个电源就绪信号, CPU 在收到信号后启动 BIOS POST。BIOS 将按以下顺序测试和初始化硬件。

(1)测试 CPU。

(2)测试 BIOS 和 CMOS。

(3)测试 DMA。

(4)测试键盘控制器(会发现键盘上的 3 个指示灯各闪亮一次)。

(5)测试 64 KB 基本内存 RAM。

(6)测试中断控制器及计时器。

(7)测试 Cache 控制器。

(8)配置 CMOS 数据。

(9)测试并启动显卡、显示器(显示器屏幕上开始有显示,并首先显示显卡信息,如"256 MB RAM"即显卡显存的大小)。

（10）测试 64 KB 以上的内存（显示器会显示"XX KB OK"，可按【Esc】键略过，一般检测三次，设置快速 POST 后只检测一次）。

（11）测试键盘。

（12）测试软驱。

（13）检测硬盘及光驱。

最后 BIOS 会按照 CMOS 所设置的启动设备顺序，搜索引导记录并将控制权交给引导记录。此时，BIOS 程序已经执行完毕，由引导记录去负责加载操作系统。

11.5.2　POST 自检报警声音

在 POST 自检过程中，BIOS 取出 CMOS 芯片中的参数对硬件进行配置和初始化。如果 BIOS 程序检测到硬件故障，或者 CMOS 参数与实际硬件不匹配，它会根据故障的轻重程度发出声音报警提示或在屏幕上显示错误提示。

一般在检测到第 9 项之前，如果出现故障（习惯上称为核心故障或致命性故障），计算机不能顺利启动，并根据故障原因发出报警声音，不同的报警声音表示不同的故障。

以 Award BIOS 为例，报警声音含义如下。

（1）1 短：表示系统顺利通过自检，机器硬件没有故障，这是每次正常开机都能听到的。

（2）2 短：表示常规错误，请进入 CMOS Setup 重新设置不正确的选项。

（3）1 长 1 短：表示 RAM 或主板出错。

（4）1 长 2 短：表示显示器或显示卡错误。

（5）1 长 3 短：表示键盘控制器错误，检查主板。

Award BIOS 的报警音还有几个，根据报警声音可以定位故障的大概位置，从而帮助维修人员迅速去检测并排除故障。常见的有下面两个。

（1）"嘀……嘀……"连续有间隔的长音：这个报警声音也可以称为持续地长鸣，表示内存有故障。可能是由于内存松动，内存的金手指与内存插槽接触不良，内存的金手指氧化，内存的芯片损坏等原因造成的。

（2）"呜啦呜啦"的杂音：这个声音有点像救护车报警的声音，一般是由于 CPU 温度过高引起。可清理主机内的灰尘，确保空气顺利流通；清理 CPU 散热器，检查散热器转动是否正常，安装是否到位；检查 CPU 散热器与 CPU 接触是否紧密，中间是否有杂物，可均匀涂抹散热硅脂，确保散热顺畅。

以上两种报警音出现的可能性较高，其他一些出现的概率较低，一般可以通过前面介绍的主板诊断卡进行检测。

11.5.3　POST 自检代码

BIOS 的 POST 过程在检测完显卡后，还要继续检测键盘、软驱、硬盘等设备，如果在这个过程出现故障（习惯上称为非关键故障或非致命性故障），显示器会有显示，可根据显示器上的错误提示信息来确定故障发生的位置及原因，从而迅速排除故障，具体如图 11.10 所示。

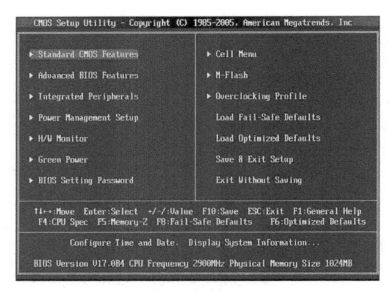

图 11.10　POST 自检操作提示

计算机在遇到非关键性故障时,显示器除了显示错误提示信息外,还可能出现类似 "Press F1 to Continue or Press DEL to Enter Setup" 的提示,意思是按【F1】键继续或按【Del】键进入 CMOS 设置,即按【F1】键忽略错误,直接进入操作系统,或者进入 CMOS 设置修正里面的参数。

不同 BIOS 自检错误提示信息大同小异,以 Award BIOS 为例,常见的错误提示信息及其含义如下。

(1)BIOS ROM checksum error-System halted,即 BIOS 校验错误系统停机。意思是在校验 BIOS 芯片中的代码时发生了错误,或者说 BIOS 芯片本身或其中的内容损坏。可能是由于病毒破坏或升级 BIOS 失败造成。

解决方法:刷新 BIOS,或者更换一块新的 BIOS 芯片。

(2)CMOS checksum error-Defaults loaded,意思是 BIOS 在校验 CMOS 设置参数时发现错误,系统即将加载缺省的设置参数。造成 CMOS 校检错误的原因有很多,如电池缺电、添加或移除了某个硬件等。

解决方法:通过加载缺省参数来设置 CMOS,并根据计算机实际情况进行调整,必要时可以通过放电来恢复 CMOS 参数。如果是电池供电问题,可更换 CMOS 电池。

(3)Press ESC to skip memory test,意思是按【Esc】键可以跳过内存的检测。有些主板会看到这样的信息,它并不是错误,只是提示你可以通过按【Esc】键跳过内存检测,加快系统启动的速度。一些大容量的内存,如果检测三遍,会浪费一定的时间。

解决方法:将 CMOS 中的 "Advanced BIOS Features" 里 "Quick Power On Self Test"(快速自检)的设置修改为 "Enabled",内存会只检测一遍。

(4)CMOS battery failed, CMOS battery is no longer functional,即 CMOS 电池电力耗尽以后,所有在 CMOS 中设置的内容都会丢失。或者提示 CMOS battery state low(CMOS 电池电力不足),可能是电池故障或主板供电电路的问题。

解决方法:更换一块新的电池,如问题仍没有解决,再检查主板供电电路。

(5)CMOS System Options Not Set,即 CMOS 系统选择项没有设置。存储在 CMOS 中的参数遭到破坏或不存在。

解决方法:参照第(2)项的解决方法。

(6)Keyboard Error OR no Keyboard Present,即键盘错误或键盘不存在。可能是键盘损害或键盘连接问题。

解决方法:检查键盘是否连接了正确的接口(键盘与鼠标的 PS/2 接口不能混用),连接是否松动;如果是 PS/2 接口,可检查接口的 6 根针是否扭曲变形,重新正确连接后一般可解决故障。如果确实不需要连接键盘工作,可以将 CMOS 中的"Halt On"选项设置为"All,But Keyboard"或"No Errors"。这样,计算机启动时就会忽略有关键盘的错误。

(7)Memory Test Fail,即内存测试失败。一般是由于内存条安装不牢或已经损坏。

解决方法:取下内存,清理内存金手指和主板上的插槽,重新安装后如故障仍然存在,可尝试更换其他的插槽或修改 CMOS 中关于内存的参数来排除故障。如仍不能解决,可通过替换法检查内存是否损坏,如内存损坏,一般没有维修的价值,可直接更换内存条。

(8)Floppy disk(s)fail,即检测软驱失败,软驱出错。一般是由于软驱控制器或者软驱没有被找到,或者不能被正确地初始化。

解决方法:检查软驱数据线、电源线连接是否正确,软驱是否损坏;进入 CMOS 设置检查软驱控制器是否打开;如没有安装软驱请将软驱项设置为"None"。

(9)Override enabled-Defaults loaded,出现这个提示一般是由于在当前的 CMOS 配置情况下,计算机不能正常启动,那么计算机的 BIOS 将自动地加载默认的 CMOS 设置来进行恢复。一般对 CPU 或内存过度超频时会出现这种情况。

解决方法:CMOS 参数还原后,根据机器情况正确设置即可。

(10)Primary master hard disk fail,即第一个 IDE 接口上的主硬盘出错。类似地,还可能会出现"Primary Slave hard disk fail"、"Secondary master hard disk fail"或"Secondary Slave hard disk fail",即两个 IDE 接口上的主、从设备某一个出现故障。可能是由于硬盘安装不正确或损坏造成的。

解决方法:检查硬盘的电源线、数据线安装是否正确,如果是在一条 IDE 数据线上安装了两个设备,还需要检查主从跳线的设置。如故障仍不能解决,可使用替换法检查硬盘是否损坏。

此外还有很多错误提示代码,此处继续介绍一些,供读者参考。

(11)FDD Controller Failure,即软盘控制器失败。

(12)HDD Controller Failure,即硬盘控制器失败。

(13)C: Drive Error,即 C: 驱动器错误。检查数据线连接是否正常,CMOS 设置中硬盘类型是否设置正确。

(14)C: Drive Failure,即 C: 驱动器失败。可能硬盘已损坏,可尝试用高级格式化、低级格式化来修复。

(15)Hard Disk Install Failure,即硬盘安装失败。出现这个提示可能是硬盘控制器或硬盘本身没有找到或不能正确地进行初始化。检查 CMOS 中硬盘控制器的选项是否为"Enabled"（打开）、硬盘是否正确安装、硬盘是否损坏等。

（16）Invalid Drive Specification，即硬盘 B00T 引导系统被破坏。

（17）Cache Memory Bad，Do Not Enable Cache，即 Cache（高速缓存）存贮器损坏，不能使用 Cache。可在 CMOS 设置中关闭 Cache，但机器性能会下降。联系主板供应商或售后点维修或更换主板。

（18）Keyboard is locked out-Unlock the key。出现这个提示可能是由于有一个或多个键被按住。

（19）Keyboard Interface Error，即键盘接口错误。

（20）Hard disk drive failure，即硬盘驱动器故障。

（21）Hard disk not present，即硬盘不存在。一般是硬盘连接、设置错误或硬盘损坏。

（22）Missing operating System，即没有找到操作系统。一般是硬盘主引导区错误，需要进行格式化或使用第三方工具修复。

（23）Non System Disk Or Disk Error，即没有系统盘或磁盘错误。一般是由于没有安装操作系统或启动系统文件错误，可重新安装或修复操作系统。

（24）Invalid Media Type Reading Drive C:，即硬盘参数不匹配。

11.6 硬件及其他故障的解决方法

计算机的硬件系统包括 CPU、主板、内存、硬盘、显卡等部件。一旦其中某个部件发生故障，都会影响计算机系统的正常运行，出现黑屏、死机、蓝屏、部件不能正确识别或正常工作等。本节深入介绍计算机的各个部件的常见故障，使读者掌握各个部件常见的故障及解决方法。

11.6.1 CPU 故障

CPU 即中央处理器，是计算机的核心，一旦出现故障，计算机将瘫痪，如图 11.12 所示。CPU 常见的故障及解决方法如下。

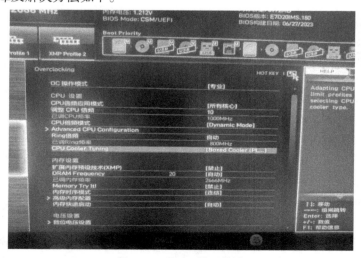

图 11.12 CPU 核显故障

CPU 一旦运行温度过高,系统会出现死机。一些主板为了防止温度过高烧坏 CPU,都提供了保护的功能,让计算机达到一定温度后关机或重新启动。导致 CPU 温度过高的原因有 CPU 风扇工作不正常、CPU 与散热器接触不充分、CPU 长期超频工作等。解决方法有以下三种。

（1）关闭电源,让 CPU 冷却一会。重新开机后观察 CPU 散热风扇附近通风是否合适、风扇电源插头是否正确连接、转动是否正常。如风扇转动不够顺畅,可以点一些机油润滑,严重的需要更换散热风扇。

（2）检查散热片是否固定牢固、灰尘是否过多、与 CPU 接触是否充分。清理散热片内的尘土,可重新涂抹散热硅脂提高散热效果。

（3）开机后,立即进入 CMOS 设置程序,观察 CPU 温度、CPU 散热风扇转速以及 CPU 外频、倍频、电压的设置等。如已超频,可以将 CPU 的频率恢复到正常值。

维修实例

1. CPU 接触不良引起的计算机无法启动

学生做实验使用的计算机,在重新组装后,开机一会就出现了死机。重新开机后,计算机发出"哇啦哇啦"的杂音,显示器黑屏。

解决方法:从 POST 报警声音可以基本判定是 CPU 温度过高。让计算机冷却一会后,开机马上进入 CMOS 设置程序,发现 CPU 的温度已经达到 84°,风扇转速正常。 打开机箱, CPU 风扇运转正常,触摸 CPU 散热片,发现接触不牢固。取下散热片,涂抹散热硅脂,重新安装散热器及散热风扇,故障排除。

2. CPU 接触不良引起的计算机无法启动

计算机使用一段时间后,由于尘土或氧化导致 CPU 与主板接口接触不良,计算机启动会黑屏。

解决方法:清理尘土和氧化的针脚,使用插拔法重新安装 CPU,可能需要插拔多次才能排除故障。

3. CPU 针脚歪曲、断裂导致的计算机无法启动

CPU 的针脚与主板上的 CPU 的插槽一般都采取了防止插反的设计,即在一或两个角的位置缺少一个针。安装时应按照正确的方向,切记不要用蛮力。

解决方法:如果 CPU 针脚歪曲变形,可用小镊子轻轻扳正;如果针脚断裂,也可以焊接,但建议找专业人员维修。

4. CPU 二级缓存部分损坏引起的死机

如果 CPU 二级缓存部分损坏,系统在安全模式下可以正常工作,但在正常模式下很容易出现死机。

解决方法:如果不想更换 CPU,只能牺牲计算机的一点速度,在 CMOS 设置中把 CPU 的二级缓存关掉。

11.6.2　主板故障

主板是计算机的躯干,连着 CPU、内存、显卡、硬盘等很多设备。主板一旦出现故障,一

般应由专业维修人员来处理。且主板如果损坏(如南北桥芯片烧毁),维修的意义并不大,只能更换主板。主板的可维修性小,一般都需要专业的维修设备,普通用户能够处理的主板故障很少。主板故障如图 11.13 所示。

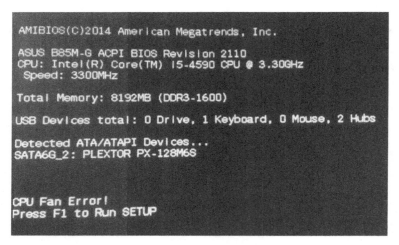

图 11.13　计算机主板故障

1. 灰尘引起的主板工作不稳定

现在的计算机主板多数都是四层板或六层板,所使用的元件和布线都非常精密,所以微不足道的灰尘经常会造成主机工作瘫痪。灰尘在主板积累过多时,会吸收空气中的水分,此时灰尘就会呈现一定的导电性,可能把主板上的不同信号进行连接或者把电阻、电容短路,致使信号传输错误,或者工作点变化而导致主机工作不稳或不能启动。

在实际维修中经常会遇到因为主板上积尘过多造成频繁死机、重启、找不到键盘鼠标、开机报警无法启动等情况,清扫灰尘后故障可能会不治自愈。

2. 主板上的滤波电容鼓泡、漏液导致主板工作不稳定

计算机如长时间工作在环境较差的状况下,主板上的电解电容鼓泡或漏液,使工作电源电压改变,从而导致主板工作不稳定而使主机死机。失容的电容多数都是出现在 CPU、内存条、AGP 插槽旁边,这几个部件都是计算机中发热量较大的。在长时间的高温烘烤下,铝电解电容很容易会出现这种故障。

3.BIOS 损坏导致计算机无法启动

BIOS 是计算机的基本输入输出系统,对计算机的硬件提供最基本的支持。如果损坏,需要刷新 BIOS 或更换 BIOS 芯片。

4. 其他情况

主板上的南桥、北桥等芯片以及硬盘、键盘等的接口也可能会出现损坏。

11.6.3　内存故障

内存一旦物理损坏,一般就要直接更换,没有维修的价值。但多数由于内存导致的计算机故障,并不是内存条的物理损坏。内存故障如图 11.14 所示。

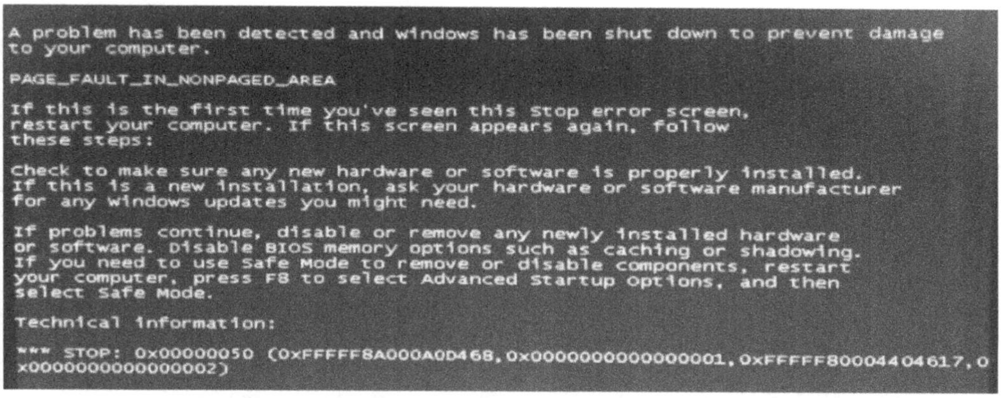

```
A problem has been detected and windows has been shut down to prevent damage
to your computer.

PAGE_FAULT_IN_NONPAGED_AREA

If this is the first time you've seen this Stop error screen,
restart your computer. If this screen appears again, follow
these steps:

Check to make sure any new hardware or software is properly installed.
If this is a new installation, ask your hardware or software manufacturer
for any windows updates you might need.

If problems continue, disable or remove any newly installed hardware
or software. Disable BIOS memory options such as caching or shadowing.
If you need to use Safe Mode to remove or disable components, restart
your computer, press F8 to select Advanced Startup Options, and then
select Safe Mode.

Technical information:

*** STOP: 0x00000050 (0xFFFF8A000A0D468,0x0000000000000001,0xFFFFF80004404617,0
x0000000000000002)
```

图 11.14　计算机内容故障

1. 内存条接触不良导致计算机无法启动

由于尘土或内存条金手指出现氧化,计算机开机后会黑屏,一般还会伴有"嘀……嘀……"的报警音。

2. 内存条性能差,产品质量不稳定导致计算机死机或蓝屏

对于一些杂牌内存条,因其内存芯片级别较低,且电路板也可能质量低劣,所以内存条的稳定性和可靠性就要差一些,在运行大的应用程序或长时间运行过程中就容易出现死机或蓝屏的现象。不过有时因为主板内存芯片供电的原因,可能此类内存条在某些主板上会出现死机现象,而在另一些主板上却长时间运行正常,这类问题比较难以解决。

3. 内存混插导致计算机工作不稳定

当在一台计算机上安装了两条或两条以上的内存条时,如果不是同一品牌或者内存芯片不是同一厂家时,因为内存条的刷新速度或工作频率等原因,可能会出现系统不稳定或死机的情况,尤其是对内存的频率设置过高时,更会导致系统不稳定。因此为保证计算机的稳定可靠,最好使用同一批次同一型号的内存条。如果确需安装不同的内存条,应在 CMOS 设置程序中将内存的频率等参数调低一些。

4. 内存参数设置不当导致计算机工作不稳定

如果在 CMOS 设置程序中,错误地设置了内存条的工作参数,会导致计算机工作不稳定。此时只需要指定使用"BY SPD",即按内存条上面的 SPD 芯片中存储的内存条参数工作就可以。但要注意,可能有些奸商为了以次充好而修改了 SPD 芯片中的参数。

在一些主板的 BIOS 中,提供了对 CPU 频率、内存条的频率及 PCI 等相关设备的频率的手动设置选项,可以进行超频使用。当使用内存超频性能时,一些低端的内存条就会出现工作不稳定的现象而导致系统死机。为了保证系统的稳定可靠性,一般不要使用超频或加速功能,以免影响机器的正常使用寿命。

11.6.4　硬盘故障

硬盘是计算机的重要外部存储器,存储着用户的大量数据。现在硬盘容量变得越来越大,其可靠性与稳定性直接关系到计算机的稳定工作,硬盘故障如图 11.15 所示。硬盘常见

的故障及解决方法有以下几种。

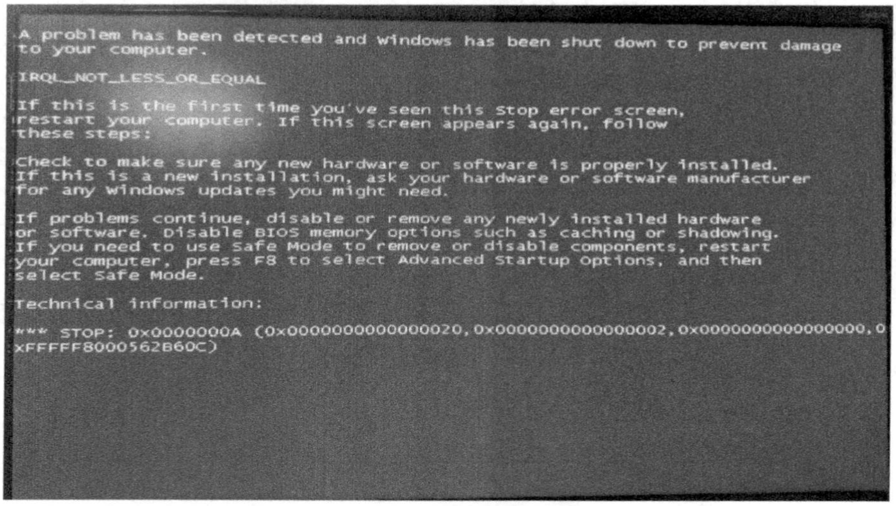

A problem has been detected and windows has been shut down to prevent damage
to your computer.

IRQL_NOT_LESS_OR_EQUAL

If this is the first time you've seen this Stop error screen,
restart your computer. If this screen appears again, follow
these steps:

Check to make sure any new hardware or software is properly installed.
If this is a new installation, ask your hardware or software manufacturer
for any Windows updates you might need.

If problems continue, disable or remove any newly installed hardware
or software. Disable BIOS memory options such as caching or shadowing.
If you need to use Safe Mode to remove or disable components, restart
your computer, press F8 to select Advanced Startup Options, and then
select Safe Mode.

Technical information:

*** STOP: 0x0000000A (0x0000000000000020, 0x0000000000000002, 0x0000000000000000, 0
xFFFFF8000562B60C)

图 11.15　计算机硬盘故障

1. 硬盘安装不当导致不能被正确识别

硬盘的电源接口、数据接口、主板硬盘接口等由于氧化生锈、扭曲或断裂会导致接触不良,从而使计算机不能稳定工作。在一条 IDE 数据线上如果连接两个设备(光驱或硬盘),需要进行主从跳线的设置,设置不当会导致某个设备不能被正确识别。

2. 硬盘出现坏道

硬盘一旦出现坏道,运行起来会非常不稳定,引起计算机死机;坏道还会随着硬盘的高速运转不断扩大,要注意及时备份数据,如果是零磁道损坏就只能更换硬盘了。硬盘损害后,重要数据还可使用第三方软件,如 FinalData 等还原,或交由专业维修人员进行数据恢复。

3. 硬盘上的高速缓存损坏

这种故障比较少见,如果硬盘上的高速缓存损坏,会导致数据传输速度极慢,无法安装系统或者系统运行过程中死机。

4. CMOS 参数设置有误

在 CMOS 设置程序中,有一些关于硬盘的设置参数设置错误也会导致硬盘不能识别或无法正常工作,如硬盘的工作模式、硬盘控制器设置等。

11.6.5　显卡故障

1. 显卡连接不正确或接触不良导致计算机无法启动

正确连接显卡,有些显卡还需要连接电源插头。对于显卡的接触不良导致的黑屏故障比较常见,可以使用插拔法排除故障。

2. 显卡的散热风扇损坏或散热片松动

散热器件损坏导致显卡过热而死机,显卡负责计算机的图像处理,工作量较大,自然发热量也较高,散热不良会造成计算机死机。检查显卡散热风扇转动是否正常,散热片是否松动,其操作与排除 CPU 散热故障方法类似。

3. 显卡的驱动程序安装错误或版本不兼容

这种故障在实际中比较常见。在安装了显卡驱动程序后,计算机死机或重启后无法进入操作系统,可以断定是显卡驱动程序的问题。

解决方法:开机后进入安全模式,卸载显卡的驱动程序下载合适的安装程序,重新安装,就可排除故障。

4. 显卡 BIOS 芯片损坏

这种故障只能通过更换 BIOS 芯片或刷新 BIOS 解决。

计算机显卡故障如图 11.16 所示。

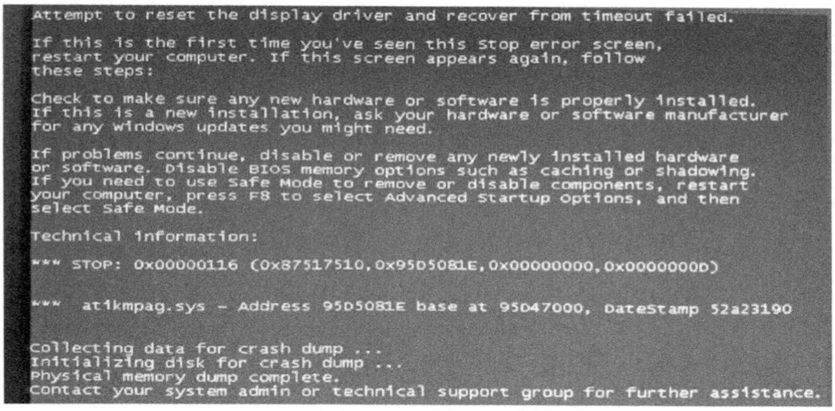

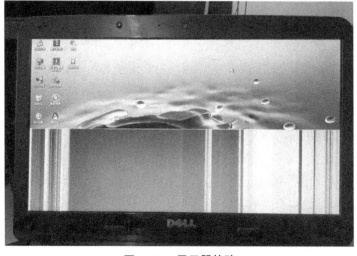

图 11.16　计算机显卡故障

11.6.6　显示器故障

显示器故障如图 11.17 所示。

图 11.17　显示器故障

1. 刷新频率设置过低导致显示器屏幕经常抖动

对于这种故障,可进入操作系统的显示设置,修改刷新频率,即可缓解故障现象。

2. 显示器屏幕偏色

显卡与显示器的连接松动会导致显示器色彩不正常;显示器周围放有音箱、手机等磁场较强的设备,会导致显示器屏幕局部出现抖动、波纹,时间一长还会出现偏色,应移开干扰的设备并使用显示器的消磁功能进行消磁。

3. 显示器内部故障

显示器内部出现故障时,建议不要自行修理,而是请专业人员来维修。

11.6.7　鼠标、键盘故障

鼠标、键盘接口松动、针脚扭曲会导致鼠标失灵。鼠标、键盘的 PS/2 接口不能够混用。对于光电式鼠标,一旦损坏,没有维修价值,建议直接购买更换。键盘部分按键失灵时,拆开键盘清理尘土及异物即可能恢复正常。

11.6.8　黑屏故障

黑屏故障一般指计算机在启动过程中,没有顺利通过 POST,显示器屏幕上没有任何显示的故障现象。这类故障在平时发生较多,且故障原因也多种多样,维修具有一定难度。

黑屏故障多为硬件故障所引起,这类故障与显示器、显示卡关系密切,同时主板、CPU、Cache、内存条、电源等部件的故障也可能导致黑屏,黑屏故障如图 11.18 所示。

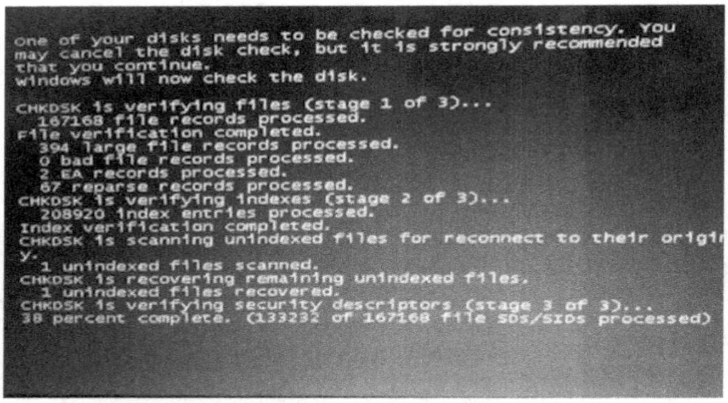

图 11.18　计算机重启黑屏

黑屏故障的诊断方法有以下两种。

1. 排除假黑屏

假黑屏指的是显示器没有加电或信号线连接问题造成的显示器不工作,从而形成显示器黑屏的假故障现象。所以在诊断黑屏故障时首先应检查显示器电源指示灯是否亮起,电源插头是否插好,电源开关是否已打开,显示器与主机上显示卡的数据连线是否连接好,连接插头是否松动。如果是计算机运行时黑屏,可以通过晃动鼠标或敲击键盘检查计算机是否进入屏保或待机状态。

2. 检查计算机主机是否加电

打开电源开关,观察电源指示灯是否亮起,电源风扇是否转动。如发现主机没有加电,检查主机电源的插头是否插好,机箱开关与主板开关控制线连接(一般叫 POWER SW)是否正确,电源主供电插头与主板接口是否连接好等。电源故障也会导致计算机开机无法加电,可使用一段导线连接电源为主板供电的主电源插头的绿线和其中的一根黑线,接通电源,查看电源风扇是否转动。如电源风扇没有转动,则可判定电源损坏。

维修实例

1. 电源开关引起的黑屏

打开电源开关,发现主机无任何反应。检查发现电源风扇没有转动,电源指示灯也没有亮起,电源插头连接正常。使用螺丝刀(其他金属物如钥匙等也可以)短接主板上的 POW-ER SW(电源开关)跳线,机器正常启动。进一步检查开关控制线,发现电源开关的连线在焊接点处断开。

解决方法:将重启按钮的连线连接至主板电源开关跳线,把重启按钮当作电源开关临时使用,从而排除故障。等找到烙铁后焊接连线,重新连接跳线即可。

2. 听计算机有无通过自检的“滴”的一声

前面已经讲过,计算机启动时 BIOS 会执行 POST 自检,如果自检成功一般会发出“滴”的一声。不要小看这一点声音,它在黑屏故障诊断中起着至关重要的作用,维修时一定要贴着耳朵仔细听。有没有自检通过的声音,对于故障的原因是截然不同的。如果自检通过,说明主机没有大的问题,应将检查的重点放在显示器的电源插头、开关、亮度调节、显示器与显卡的连线上;如果没有通过自检,则问题出在主机上,需进一步检查。

3. 显示器电源插头松动引起的假死机

机房某机器,学生举手说显示器屏幕无显示。检查发现机箱上的电源指示灯亮起,说明主机已经加电工作;关闭开关,稍后重新打开,低下身子,贴近机箱,听到了计算机顺利通过自检的“滴”的一声,说明主机基本工作正常;进一步检查显示器,开关已经打开,将显示器后的电源插头按紧,显示器马上亮起,故障排除。

4. 使用主板诊断卡诊断

如果计算机开机后风扇转动,且没有听到自检通过的声音,说明问题出现在主机上。很多部件的问题都会导致这个故障现象,判断起来具有一定难度。这时计算机已经加电,可使用主板诊断卡进行检测,并根据显示的代码,参阅诊断卡的说明书就可判断故障的位置。

5. 检查安装是否正确、是否有松动或接触不良

如果没有主板诊断卡,应首先检查各部件安装是否正确,且是否有松动或接触不良。显卡的松动会导致计算机开机后黑屏且机器不能通过自检,可取下显卡,清理显卡金手指和插槽,即可排除故障。显卡接触不良造成的黑屏故障对于一些使用几年后的老机器非常常见。曾经有一位负责机房维护的同事开玩笑说:“我每天的工作很简单,就是学生举手说计算机打不开,然后我过去把显卡重新插一下就好了”。虽然只是一句玩笑,但也充分说明了由于显卡的问题造成黑屏故障的概率是非常高的。

除此之外还要检查一下其他的插头是否连接紧密。对于计算机组装过程中出现的黑

屏,很可能是由于安装不正确造成的。例如有些显卡需要单独供电,如没有为其连接电源也会造成计算机无法通过自检而黑屏;又例如有些主板除了要连接主电源插头之外,还需要连接一些辅助电源插头,如4针的辅助插头,如果主板上设计了这样的接口就必须要连接,不连也会造成计算机无法通过自检而黑屏。

6. 通过放电还原 CMOS

由于病毒破坏或人为误操作等可能造成 CMOS 设置的错误,如将 CPU 超频过高以及其他一些设置的错误,如内存、Cache 等,都会导致黑屏故障的出现。可以通过前面介绍的 CMOS 还原法,将 CMOS 设置的参数还原到默认设置,这样也有可能排除故障。

7. 通过最小系统法、插拔法、替换法等方法定位故障

如通过前面方法仍无法定位故障,则故障原因很可能是由于显示卡、主板、CPU、内存、显卡等部件的故障引起。定位和解决这些故障可以借助前面学过的一些硬件故障诊断的方法,如最小系统法、插拔法、替换法等。

上面介绍了一些黑屏故障的基本诊断方法,由于黑屏故障产生的原因很多,排除起来也比较复杂,需要大量的经验,不断去摸索。

11.6.9　死机故障

死机故障是一种较常见的故障现象,表现为系统不能启动、显示黑屏、显示内容静止不动、键盘和鼠标操作不起作用、软件中断运行等。显然,前面介绍的黑屏故障也是死机故障的一种特殊情况,如图 11.19 所示。本节重点介绍黑屏之外的一些死机问题。

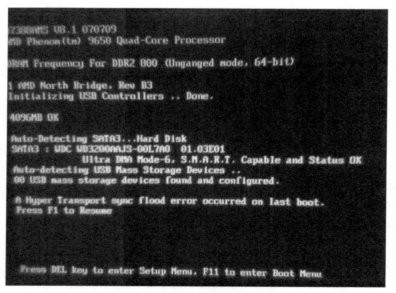

图 11.19　计算机死机故障

死机故障的解决比较复杂,产生的原因可能是软件问题,也可能是硬件问题,还可能是前面所介绍的假故障。不同时候死机的原因和诊断的方法也不太一样。死机故障的诊断与解决的一般方法如下。

1. 排除假死机故障

假死机即计算机正常运行,而用户误认为死机。如计算机一段时间不用后进入屏幕保护状态,或者是鼠标、键盘故障而不能正常工作。

2. 运行大量应用程序时死机

计算机在运行大量应用程序时,会占用大量的 CPU、内存资源,计算机可能会不堪重负而死机。这种情况在早期的操作系统,如 Windows 98 等中比较常见。这种故障只需重新启动电脑即可。

3. 计算机启动时死机

开机自检过程中死机,这种故障解决方法可参考前面介绍的 POST 自检过程和错误代码。

4. 操作系统启动时死机

系统在启动时停滞不动,一般为操作系统的故障,可尝试重新启动,由操作系统自己来纠正错误。如多次重启仍不能解决,可能操作系统文件损坏或机器感染病毒,这时可参考前面介绍的操作系统故障的解决方法进行杀毒、恢复系统文件,严重时还需要重新安装操作系统。

5. 软件安装、运行过程中死机

如果是在软件安装过程中死机,则可能是安装文件损坏或系统某些配置与安装的软件冲突。这些配置包括系统 BIOS 设置、系统文件的设置以及一些硬件驱动程序和内存驻留程序。遇到这种情况,可以通过杀毒、还原 CMOS、重新下载安装程序、重新启动后再安装该软件等方法来解决。如果是在软件安装完成后,在运行过程中死机,则可能是由于安装好的软件与系统发生冲突造成。这种情况可以通过先卸载该软件,再重新安装的方法来尝试解决。如故障依旧存在,应寻找和该软件发生冲突的位置很难确定,可以在重新安装操作系统后,先安装该软件,再安装其他软件。

6. 越来越频繁的死机

这种故障现象一般是由于硬件问题造成的。如果是系统运行一段时间后发生死机,重新启动后过一会又发生死机,且间隔的时间越来越短,则故障一般是由于主机工作温度过高造成的。故障原因有计算机工作环境温度过高(如夏天的网吧)、计算机灰尘导致的散热不畅、CPU 风扇工作不正常、CPU 超频工作等。如果死机现象是从无到有,并且越来越频繁,则故障一般是由于计算机某些部件品质不良或性能不稳定造成的。应重点检查 CPU、内存、Cache、CMOS 芯片等部件。

7. 没有规律的死机

如果死机现象没有规律,可能的原因有硬盘逻辑故障或出现部分坏道、CMOS 设置不当(重点是 CPU 的频率、内存的一些设置)、部件工作不稳定等。例如被 remark 过的 CPU,长时间在超频的状态下工作,发热量过高,工作很不稳定,严重时就会发生死机现象。

11.6.10　蓝屏故障

蓝屏是死机故障的一种,是微软 Windows 操作系统在无法从一个系统错误中恢复过来时所显示的屏幕图像。默认情况下,蓝屏死机的显示是蓝底白字。显示的信息包括了当前的内存值以及寄存器值。

Windows XP 操作系统,经常会突然出现蓝屏故障。有时蓝屏现象只是偶尔出现,计算机重新启动后故障会自动消失。如果蓝屏现象经常发生,严重时系统每次启动都发生蓝屏,就需要进行维修。计算机蓝屏的原因很多,有来自软件的原因,也有来自硬件的原因。故障原因往往集中在硬件和驱动程序不兼容、操作系统文件损坏、内存工作不稳定等。

1. 系统文件损坏或丢失

系统的重要文件(如 DLL 动态连接库文件)损坏或丢失会导致蓝屏故障。可以在出现蓝屏故障时,记录下屏幕上显示的丢失或损坏的文件,使用系统安装盘进行恢复。如果计算机感染了病毒,还需要进行杀毒。

2. 硬件和驱动程序不兼容

如果计算机是在升级或安装了某个驱动程序后出现了蓝屏,可能是驱动程序不兼容的问题。删除新程序或还原回原来的驱动程序,重新下载合适的驱动程序安装即可。

3. 注册表损坏

注册表由于病毒破坏或人为误操作,会导致计算机在启动,或在调用软件时出现蓝屏。可以通过注册表的备份进行还原,专业维修人员也可以手动去修改注册表里的键值。

4.DirectX 问题引起的蓝屏故障

DirectX 是由微软公司开发的应用程序接口(API), 它提供了一整套的多媒体接口方案。它可以让游戏和其他多媒体程序加强 3D 图形和声音效果。DirectX 的问题也会导致在运行游戏或其他多媒体程序时蓝屏,如 DirectX 版本过低或是过高导致的游戏或显卡与DirectX 不兼容。可以重新安装合适版本的 DirectX 来排除故障。如果确实想使用高版本的 DirectX 去玩一些大型游戏,可以尝试升级显卡的 BIOS 和驱动程序,否则,只能更换更高级显卡。

5. 内存超频或工作不稳定

超频工作的内存和一些劣质的内存很容易引起蓝屏故障,可以将内存各项参数正常设置,或更换内存插槽来排除故障。此外,不同品牌、频率的内存混插,也会引起蓝屏。如计算机安装两根及以上的内存条,品牌和频率尽量要一致,且不要图便宜购买做工粗糙的内存。主板与内存的兼容性也会引起蓝屏。

实训操作

1. 掌握常见硬件故障的判别和维修方法。
2. 掌握常见软件故障的判别和维修方法。
3. 能自主解决计算机其他故障的排查与处理。

小　结

本模块主要介绍了计算机常见的故障及解决方法,包括 POST 自检报警声音及提示代码、黑屏、死机、蓝屏这些常见故障现象的原因及解决方法,计算机各部件常见故障的解决方法等。通过本模块学习,使读者能够根据 POST 自检提示确定故障原因及位置, 并能够处理日常使用中经常遇到的故障。

习 题

1. 计算机故障主要分为_____。
2. 硬件故障诊断的主要方法有_____等。
3. 插拔法是指_____,
替换法是指_____,
比较法是指_____。
4. 硬件最小系统包括_____
_____等部件。
5. 硬件维修分为_____三个级别。
6. 简述主板诊断卡的工作原理。

模块 12　计算机日常维护

　　计算机在使用过程中,需要经常进行一些软、硬件的维护,从而降低故障发生的可能,延长计算机的使用寿命。

12.1　计算机维护

12.1.1　概述

　　计算机的硬件系统包括 CPU、内存、主板等部件,任何一个部件的损坏都会造成计算机无法正常工作。在日常的使用过程中,计算机需要定期进行维护,从而降低故障发生的可能性,延长计算机的使用寿命。要延长计算机的使用寿命,首先要注意正确的使用习惯,避免由于个人的操作不当,对计算机造成不必要的伤害。

　　(1)要正常开关机。开机的顺序是先打开外设(如打印机、扫描仪等)的电源,显示器电源不与主机电源相连的,还要先打开显示器电源,然后再开主机电源。关机顺序相反,先关闭主机电源,再关闭外设电源。其道理是尽量地减少对主机的损害,因为在主机通电的情况下,关闭外设的瞬间对主机产生的冲击较大。

　　(2)要注意关机后一段时间内,不能频繁地做开机关机的动作,因为这样对各配件的冲击很大,尤其是对硬盘的损伤更加严重。一般关机后距离下一次开机的时间,至少应有 10 秒钟。

　　(3)特别要注意当计算机工作时,应避免进行关机操作。如机器正在读写数据时突然关机,很可能会损坏驱动器(硬盘、软驱等);更不能在机器工作时搬动机器。当然,即使机器未工作时,也应尽量避免搬动机器。因为过大的振动会对硬盘一类的配件造成损坏。

　　(4)关机前必须先关闭所有的程序,再按正常的顺序退出,否则有可能损坏应用程序;一些不支持热插拔的设备尽量不要带电插拔,否则可能会损伤该设备,严重时还可能损坏主板。

　　计算机的日常维护工作可以分为硬件系统维护和软件系统维护两大类。

12.1.2　硬件系统维护

　　计算机的硬件维护是指在硬件方面对计算机进行的维护,通过正确的使用习惯,并对计算机硬件定期进行维护,使计算机工作在一个相对比较安全的工作环境,从而长期稳定的工作。主要维护的工作和注意的事项包括以下几方面。

　　1. 计算机工作环境的要求

　　工作环境影响着计算机的使用寿命。

　　(1)计算机理想的工作温度应在 10~35 ℃,温度太高或太低都会影响配件的寿命。在机房或是网吧等计算机密度较大的环境,一定要安装空调。计算机在运行过程中 CPU 会散发出大量的热量,如果不及时将其散发,则有可能导致 CPU 过热,使计算机频繁死机或重启。因此,最好将计算机放置在通风良好的位置,并确保计算机散热系统正常工作。

(2)计算机理想的相对湿度应为 30%~80%,湿度太高会影响配件的性能发挥,严重时会导致一些部件的短路。例如天气较为潮湿时,最好每天都使用电脑或使计算机通电一段时间。有人认为使用计算机的次数少或使用的时间短,就能延长电脑寿命,这是片面的观点。计算机长时间不用,由于潮湿或灰尘的原因,反而会引起部件的损坏。当然,如果天气潮湿到了极点,比如显示器或机箱表面有水汽,这时是绝对不能给机器通电。同时,尽量不要将水杯或其他液体物品靠近计算机,一旦液体进入计算机部件内部是非常危险的。

(3)计算机在使用中还要尽量做好防静电的工作,静电虽然能量小,但瞬时电压非常高,可能会击穿电脑某些部件。为防止静电对计算机造成损害,在打开计算机机箱前应当先洗手,或将手接触暖气管等可以放电的物体,将身体上的静电放掉后再接触计算机的配件;另外在安放计算机时,将机壳用导线接地,可以起到很好的防静电效果。

(4)计算机运行过程中,突然断电会对计算机造成很大的伤害。应当保持电源插座接触良好,摆放合理不易碰绊,尽可能杜绝意外掉电。对于超市、银行等对数据安全性要求比较高的场合,需要安装 UPS 来保护计算机,它可以使得计算机在电源中断时能继续运行一段时间。

(5)计算机在运行时不可避免地会产生电磁波和磁场,因此最好将电脑放置在离电视机、录音机、磁化杯远一点的地方,这样做可以防止计算机的显示器和其他物品的相互磁化、交频信号互相干扰。

2. 定期做好计算机的清洁工作

计算机在工作的时候,会产生一定的静电场、磁场,加上电源和 CPU 风扇运转产生的吸力,会将悬浮在空气中的灰尘颗粒吸进机箱并滞留在板卡上。如果不定期清理,灰尘将越积越多,对电脑的伤害非常大。一方面灰尘会导致计算机部件接触不良,从而使部件无法正常工作;另一方面大量灰尘堆积会导致计算机散热不畅,使计算机频繁死机或重启,灰尘主要集中在电源风扇、CPU 风扇及散热器等散热设备上;再者,灰尘长期堆积在电路板上,会产生一定的导电性,严重时会导致击穿芯片,造成巨大的损失。

(1)对于机器表面的灰尘,可用潮湿的软布和中性高浓度的洗液进行擦拭,擦完后不必用清水清洗,残留在上面的洗液有助于隔离灰尘,下次清洗时只需用湿润的毛巾进行擦拭即可。

(2)对于机器内部的灰尘,打开机箱之前先要确认计算机的各个配件的质保期。机器内部除尘要特别小心,如没有经验,建议请专业人员进行清洁。清洁计算机主要的工具有电吹风、无水酒精、脱脂棉球、镊子、皮吹、毛刷、钟表油(或缝纫机油)等。

3. 风扇的维护

CPU 风扇、电源风扇、显卡风扇等,除了要做好除尘工作外,由于长时间的高速旋转,轴承受到磨损后散热性能降低并且还会发出很大的噪声,这种情况可以使用缝纫机油润滑,噪声严重时便需进行更换。

4. 鼠标的维护

(1)避免摔碰鼠标和强力拉拽导线。

(2)点击鼠标时不要用力过度,以免损坏弹性开关。

（3）最好配一个专用的鼠标垫，既可以大大减少污垢通过橡皮球进入鼠标中的机会，又增加了橡皮球与鼠标垫之间的摩擦力。鼠标垫也可能因为有灰尘落下，使鼠标小球在滚动时，将灰尘带进鼠标内的转动轴上缠绕起来而转动不畅，影响鼠标使用，这就需要打开鼠标底部滚动球小盖进行除尘。

（4）使用光电鼠标时，要注意保持感光板的清洁，使其处于更好的感光状态，避免污垢附着在激光二极管和光敏三极管上，遮挡光线接收。

5. 键盘的维护

（1）保持清洁。过多的灰尘会使键盘不能正常工作。使用一段时间后，可以将键盘翻转过来，适度用力拍打，将嵌在键帽下面的灰尘抖出来。在清洁键盘时，可用柔软干净的湿布来擦拭，按键缝隙间的污渍可用棉签清洁；不要用医用消毒酒精，以免对塑料部件产生不良影响。清洁键盘时一定要在关机状态下进行，湿布不宜过湿，以免键盘内部进水产生短路。

（2）按键要注意力度。在按键的时候一定要注意力度适中，动作要轻柔，强烈的敲击会减少键盘的寿命，尤其在玩游戏的时候更应该注意，不要使劲按键，以免损坏键帽。

（3）不要带电插拔。在更换键盘时不要带电插拔。带电插拔的危害很大，轻则损坏键盘，重则有可能会损坏计算机的其他部件，造成不应有的损失。

6. 显示器的维护

（1）清洁显示器外壳和屏幕。液晶显示器的屏幕比较脆弱，尽量使用专用设备进行清洁。

（2）合理设置分辨率和刷新频率。液晶显示器的分辨率是固定的，不要随便调整，否则影响显示效果。CRT 显示器要根据自身的情况（一般显示器都会有一个最大分辨率和推荐分辨率）选择合适的分辨率。合理设置分辨率和刷新频率，以达到最优的显示效果。

（3）摆放位置。显示器的摆放尽量靠后一点，从而拉大与眼睛的距离。另外摆放高度要与眼睛平行，否则非常容易导致使用者的疲劳。对于使用笔记本的用户更应注意，由于屏幕一般低于眼睛，容易造成颈部酸疼，严重时还会造成颈椎病。

12.1.3 软件系统维护

计算机的软件维护，主要是借助一些软件使计算机的操作系统和应用软件得以正常稳定的工作。计算机的维护工作主要指的是软件维护。计算机在刚安装完操作系统后，可能速度很快，但使用一段时间后，会慢慢发现系统性能下降，出现系统反应过慢、部分应用程序不能正常工作、数据丢失、文件损坏等情况，这就需要定期对计算机的软件系统进行维护。计算机软件系统维护的主要工作有查杀病毒、清除系统垃圾、硬盘碎片整理等，具体的操作和使用的工具将在下面几节做具体介绍。计算机的维护工作一般需要借助一些软件的帮助，这些软件有的是操作系统自带的，有些是网上下载或付费购买的第三方应用程序，借助这些软件对计算机进行维护，可以提高系统运行的效率，使计算机运行更安全更高效。

12.2　查杀病毒

12.2.1　病毒概述

计算机病毒(Computer Virus)是指编制或者在计算机程序中插入的破坏计算机功能或破坏数据,影响计算机使用并且能够自我复制的计算机指令或程序代码。病毒往往会利用计算机操作系统的弱点进行传播。提高系统的安全性虽是防病毒的一个重要方面,但完美的系统是不存在的,过于强调提高系统的安全性将使系统多数时间用于病毒检查,从而失去了可用性、实用性和易用性。

病毒不是来源于突发或偶然的原因,一次突发的停电和偶然的错误,会在计算机的磁盘和内存中产生一些乱码和随机指令,但这些代码是无序和混乱的;病毒则是一种比较完美的、精巧严谨的代码,按照严格的秩序组织起来,与所在的系统网络环境相适应。病毒不会偶然形成,并且需要有一定的长度,这个基本的长度从概率上来讲是不可能通过随机代码产生。现在流行的病毒主要是人为故意编写从大量的统计分析来看,病毒作者主要情况和目的是一些天才的程序员为了表现自己和证明自己的能力;当然也有因政治、军事、专利等方面的需求而专门编写的,其中也包括一些病毒研究机构和黑客的测试病毒。

12.2.2　病毒的特点

计算机病毒具有以下几个特点。

1. 寄生性

计算机病毒寄生在其他程序之中,当执行这个程序时,病毒就起破坏作用,而在未启动这个程序之前,它不易被人发觉。

2. 传染性

计算机病毒具有破坏性和传染性,一旦病毒被复制或产生变种,其速度之快令人难以预防。传染性是病毒的基本特征,计算机病毒会通过各种渠道从已被感染的计算机扩散到未被感染的计算机,在某些情况下造成被感染的计算机工作失常甚至瘫痪。与生物病毒不同的是,计算机病毒是一段人为编制的计算机程序代码,这段程序代码一旦进入计算机并得以执行,它就会搜寻其他符合其传染条件的程序或存储介质,确定目标后再将自身代码插入其中,达到自我繁殖的目的。只要一台计算机染毒,如不及时处理,那么病毒会在这台计算机上迅速扩散,其中的大量文件(一般是可执行文件)会被感染,而被感染的文件又成了新的传染源,再与其他机器进行数据交换或通过网络接触,病毒会继续进行传染。正常的计算机程序一般是不会将自身的代码强行连接到其他程序之上,而病毒却能使自身的代码强行传染到一切符合其传染条件的未受到传染的程序上。计算机病毒可通过各种可能的渠道,如软盘、计算机网络去传染其他的计算机。当在一台机器上发现了病毒时,往往曾在这台计算机上用过的软盘均感染上了病毒,而与这台机器相联网的其他计算机也许也被该病毒染上了。是否具有传染性是判别一个程序是否为计算机病毒的最重要条件。病毒程序通过修改磁盘扇区信息或文件内容并把自身嵌入到其中来达到病毒的传染和扩散。

3. 潜伏性

有些病毒像定时炸弹一样,让它什么时间发作是预先设计好的。比如"黑色星期五"病毒,不到预定时间一点都觉察不出来,等到条件具备的时候一下子就爆发开来,对系统进行破坏。一个编制精巧的计算机病毒程序,进入系统之后一般不会马上发作,可以在几周或者几个月甚至几年内隐藏在合法文件中,对其他系统进行传染,而不被人发现。潜伏性愈好,其在系统中的存在时间就会愈长,病毒的传染范围就会愈大。潜伏性的第一种表现是指病毒程序不用专用检测程序是检查不出来的,因此病毒可以静静地躲在磁盘或磁带里待上几天,甚至几年,一旦时机成熟,得到运行机会,就会四处繁殖、扩散,继续为害。潜伏性的第二种表现是指计算机病毒的内部往往有一种触发机制,不满足触发条件时,计算机病毒除了传染外不做任何破坏,触发条件一旦得到满足,有的在屏幕上显示信息、图形或特殊标识,有的则执行破坏系统的操作,如格式化磁盘、删除磁盘文件,对数据文件做加密、封锁键盘以及使系统死锁等。

4. 隐蔽性

计算机病毒具有很强的隐蔽性,有的可以通过病毒软件检查出来,有的根本就查不出来,有的时隐时现、变化无常,这类病毒处理起来通常很困难。

5. 破坏性

计算机中毒后,会对计算机软硬件系统造成破坏,如格式化磁盘、删除磁盘文件、盗取账号口令等。

6. 可触发性

某个事件或数值的出现,诱使病毒实施感染或进行攻击的特性称为可触发性。为了隐蔽自己,病毒必须潜伏,少做动作,但如果完全不动,一直潜伏的话,病毒既不能感染也不能进行破坏,便失去了杀伤力。病毒既要隐蔽又要维持杀伤力,它必须具有可触发性。病毒的触发机制就是用来控制感染和破坏动作的频率。病毒具有预定的触发条件,这些条件可能是时间、日期、文件类型或某些特定数据等。病毒运行时,触发机制检查预定条件是否满足,如果满足,启动感染或破坏动作,使病毒进行感染或攻击;如果不满足,使病毒继续潜伏。

12.2.3 病毒的分类

计算机病毒可分如下几类。

1. 根据病毒存在的媒体分类

根据病毒存在的媒体,病毒可以分为网络病毒、文件病毒、引导型病毒。网络病毒通过计算机网络传播感染网络中的可执行文件;文件病毒感染计算机中的文件(如 COM、EXE、DOC 等);引导型病毒感染启动扇区(Boot)和硬盘的系统引导扇区(MBR);还有这三种情况的混合型,例如多型病毒(文件和引导型)感染文件和引导扇区两种目标,这样的病毒通常都具有复杂的算法,它们使用非常规的办法侵入系统,同时使用加密和变形算法。

2. 根据病毒传染的方法分类

根据病毒传染的方法可分为驻留型病毒和非驻留型病毒。驻留型病毒感染计算机后，病毒会驻留在内存中，它处于激活状态，一直到关机或重新启动，内存受到感染之后，运行的未感染病毒的可执行文件也会受到感染；非驻留型病毒在得到机会激活时并不感染计算机内存。一些病毒在内存中留有小部分，但是并不通过这一部分进行传染，这类病毒也被划分为非驻留型病毒。

3. 根据病毒破坏的能力分类

根据病毒破坏的能力可分为无害型（除了传染时减少磁盘的可用空间外，对系统没有其他影响）、无危险型（仅仅是减少内存、显示图像、发出声音及同类音响）、危险型（在计算机系统操作中造成严重的错误）和非常危险型（这类病毒删除程序、破坏数据、清除系统内存区和操作系统中重要的信息）。

4. 根据病毒特有的算法分类

根据病毒特有的算法可以划分为伴随型病毒、"蠕虫"型病毒、寄生型病毒。

（1）伴随型病毒。这类病毒并不改变文件本身，它们根据算法产生 EXE 文件的伴随体，具有同样的名字和不同的扩展名，例如 XCOPY.EXE 的伴随体是 XCOPY.COM。病毒把自身写入 COM 文件并不改变 EXE 文件，当 DOS 加载文件时，伴随体被优先执行，再由伴随体加载执行原来的 EXE 文件。

（2）"蠕虫"型病毒。这类病毒通过计算机网络传播，不改变文件和资料信息，利用网络从一台机器的内存传播到其他机器的内存。有时它们在系统存在，一般除了内存不占用其他资源。

（3）寄生型病毒。除伴随型和"蠕虫"型外，其他病毒均可称为寄生型病毒。它们依附在系统的引导扇区或文件中，通过系统的功能进行传播。按其算法不同可分为：练习型病毒，这类病毒自身包含错误，不能进行很好的传播，例如一些在调试阶段的病毒；诡秘型病毒，它们一般不直接修改 DOS 中断和扇区数据，而是通过设备技术和文件缓冲区等 DOS 内部修改，不易看到资源，使用比较高级的技术，利用 DOS 空闲的数据区进行工作；变型病毒（又称幽灵病毒），这一类病毒使用一种复杂的算法，使自己在每次传播时，具有不同的内容和长度，它们一般是由一段混有无关指令的解码算法和被变化过的病毒体组成。

12.2.4　常用反病毒软件

病毒与反病毒将作为一种技术对抗长期存在，两种技术都随计算机技术的发展而长期发展，反病毒软件也在不断升级以应付更新的病毒。常用的反病毒软件主要有 360 安全卫士等。

反病毒产品一般都分为个人级产品和企业级产品，普通用户使用的都是个人级产品。一部分产品也分为网络版和单机版，普通用户一般使用单机版产品。

最新版本的 360 安全卫士 v14.0.1.1008 官方最新版的容量为 91.9 MB，这个版本支持 Windows 10、Windows 8、Windows 7 等操作系统，并集成了多项功能以提高用户的使用效率。360 安全卫士是国内最受欢迎的免费安全软件，拥有查杀流行木马、清理恶评及系统插件、管理应用软件、卡巴斯基杀毒、系统实时保护、修复系统漏洞等数个强劲功能。同时还提供系统全面诊断、弹出插件免疫、清理使用痕迹以及系统还原等特定辅助功能。并且提供对系统的全面诊断报告,方便用户及时定位问题所在,真正为每一位用户提供全方位系统安全保护。

12.3 系统备份与还原

12.3.1 系统备份与还原概述

操作系统在运行一段时间后,由于病毒破坏或软件安装混乱会造成系统瘫痪、系统速度明显变慢或某些应用程序无法正常工作。这时一般需要重做系统,但重新安装操作系统花费时间较多,解决方案是在成功安装完操作系统、驱动程序以及应用软件后,对系统进行备份,以便系统瘫痪后进行还原。

12.3.2 常用系统备份与还原工具

前面在安装操作系统的时候已经介绍了 GHOST 和一键备份恢复系统两个软件,下面再介绍一些其他备份还原操作系统和驱动程序的软件。

1. 一键还原精灵

一键还原精灵包括专业版、装机版和 Vista 版。安装装机版,会在用户的硬盘上划分出一个隐藏的分区,用来备份系统,这个备份将相当安全,不惧怕任何病毒的破坏。此版本比较适合计算机城的装机人员及对计算机比较了解的人安装使用或安装好后给新手使用。安装专业版,不是重新划分硬盘分区,而是将系统备份到一个深度隐藏的文件夹里,此版本适合新手和一般家庭用户使用。Vista 版是专业版的 Vista 系统升级版,适用于 Windows Vista 操作系统。

2. 三茗一键恢复

三茗一键恢复不依赖于操作系统,而是在本地硬盘上实现系统数据以及 CMOS 参数的动态保护与恢复。在安装了本产品后,仅需按下【F9】键,一两秒钟计算机就可以恢复正常。该软件主要的功能特点有以下几个。

(1)独立于操作系统。本产品是位于操作系统之下的 BIOS 层面,完全独立于计算机的操作系统和文件系统。即便是操作系统完全崩溃,本产品仍可以独立实现计算机系统和 CMOS 参数的保护和恢复。

(2)瞬间保存与恢复。本软件产品采用三茗公司独创的系统保存与恢复专利技术,它的保存与恢复操作均可在数秒完成,真正做到瞬间恢复。

(3)不占用硬盘实用空间。它通过空闲磁盘空间构成动态缓冲区,配合高效的专利硬盘映射算法,在不占用数据实用磁盘空间,不影响系统性能的前提下,实现系统的动态保护与瞬间恢复功能。

(4)支持多种磁盘格式。如 NTFS、HPFS、FAT32、FAT16 等。

(5)全新病毒防范理念。对各种已知及未知病毒的系统侵袭具备全面“自愈”功能。

（6）用户密码保护。允许用户管理员设置密码保护,系统安全性更强。

（7）纯软件设计。与硬件产品相比,不仅产品的适用范围可以进一步扩大到笔记本电脑,而且避免了硬件冲突的可能,使产品的安装更加方便灵活。

（8）全中文操作界面。安装简便,且支持笔记本计算机应用。

（9）智能化安装机制。独创的算法控制结构使得本软件的安装、使用和卸载均不会对原有系统及数据构成影响,实现全透明保护。

3. 驱动精灵

驱动精灵是一款适合绝大多数计算机用户的老牌实用软件。驱动精灵不仅可以快速准确地检测识别系统中的所有硬件设备,而且还可以通过在线更新及时地升级驱动程序,并且可以快速地提取、备份及还原硬件设备的驱动程序。在大大地简化了原本复杂的操作过程的同时,也缩短了操作时间,提高了效率。驱动精灵是帮助用户解决烦琐的系统驱动问题的好工具,更是协助用户发挥出计算机硬件最大效能的好助手。驱动精灵主要的特点有以下几方面。

（1）超强硬件检测能力,自动智能驱动更新。它利用先进的硬件检测技术,配合驱动之家近十年的驱动数据库积累,驱动精灵 9.70.0.104 版能够检测大多数流行硬件,并自动为用户下载安装最合适的驱动程序。除了替未知设备安装驱动程序,驱动精灵还能够自动检测驱动升级,随时保持计算机最佳工作状态。

（2）先进驱动备份技术,驱动备份轻松搞定。对于难在网上找到驱动程序的设备,驱动精灵的驱动备份技术可完美实现驱动程序备份过程。硬件驱动可被备份为独立的文件、Zip压缩包、自解压程序或自动安装程序。

（3）简单易用还原功能,驱动还原一键完成。通过驱动精灵备份的自安装驱动程序可自动完成驱动安装过程,双击即可完成硬件驱动安装。当然,也可以通过驱动精灵的驱动还原管理界面进行驱动程序还原。

（4）安全驱动卸载功能,快速清理驱动残留。错误安装或残留于系统的无效驱动程序可能影响操作系统的运行,使用驱动精灵的驱动卸载功能,可安全卸载驱动程序或清理操作系统的驱动残留,随时保持硬件最佳工作状态。

12.4　系统优化

计算机系统在运行一段时间后,系统性能会下降,如开机速度变慢、应用程序卸载不彻底产生系统垃圾、恶意程序占用大量内存等,有些软件便会无法正常工作,这时需要对系统进行优化。

12.4.1　使用 Windows 自带的命令优化系统

1. Regedit

在 Windows 10 系统中,单击“开始”搜索并选择“运行”,在弹出的“运行”窗口中输入“regedit”,单击“确定”按钮,进入“注册表编辑器”。在“注册表编辑器”中,可以查看和修改注册表中的内容。注册表是用来对 Windows 操作系统进行配置的一个工具。通过它,可以对操作系统及应用软件进行优化,可以设置 Windows 的使用权限,解决硬件及网络设置不当带来的故障,甚至可以改造自己的操作系统。

注册表的作用是保存程序所需要的信息,当程序需要这些信息时,就从注册表里读出。因此,注册表最基本的功能是保存信息。Windows 注册表是帮助 Windows 控制硬件、软件、用户环境和 Windows 界面的一套数据文件。使用"regedit"命令进入如图 12.1 所示的"注册表编辑器"界面。

图 12.1 "注册表编辑器"界面

注册表的内部结构非常复杂,但对于操作系统的稳定运行又非常重要。一般用户无须深入了解注册表内部结构和原理,只需掌握注册表的导入导出操作即可,即定期导出注册表进行备份,当系统出现问题时进行恢复。

2. Gpedit.msc

Gpedit.msc(组策略)是修改注册表中的配置。当然,组策略使用自己完善的管理组织方法可以对各种对象中的设置进行管理和配置,远比手工修改注册表方便、灵活,功能也更加强大。

说到组策略,就不得不提注册表。注册表是 Windows 系统中保存系统、应用软件配置的数据库,随着 Windows 功能的越来越丰富,注册表里的配置项目也越来越多。很多配置都是可以自定义设置,但这些配置分布在注册表的各个角落,如果用手工配置,可想象是多么困难和繁杂。而组策略则将系统重要的配置功能汇集成各种配置模块,供管理人员直接使用,从而达到方便管理计算机的目的。

在 Windows 10 系统"运行"窗口中输入"gpedit.msc",单击"确定"按钮可进入"组策略",其运行界面如图 12.2 所示。

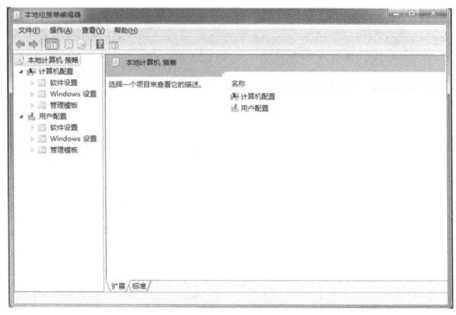

图 12.2　"组策略"运行界面

3. Msconfig

在 Windows 的"运行"窗口中输入"msconfig",单击"确定"按钮可进入"系统配置实用程序",其运行界面如图 12.3 所示。在这里可以找到程序开启或者禁用设置,帮助用户禁止不需要运行的程序,从而加快计算机的运行速度。

图 12.3　"系统配置实用程序"运行界面

"系统配置实用程序"的功能主要包括:管理系统启动项,有的软件在操作系统启动时也随之启动,占用系统资源(CPU、内存等),这里可以由用户来决定哪些软件可以启动,哪些不启动;管理系统服务,例如打印机、注册表等的服务;可以查看并编辑 B00T.INI、WIN.INI、SYSTEM.INI 等操作系统主要文件。

12.4.2　常用系统优化软件

1. Windows 优化大师

Windows 优化大师是一款功能强大的系统辅助软件,它提供了全面有效且简便安全的系统检测、系统优化、系统清理、系统维护四大功能模块及数个附加的工具软件,其运行界面如图 12.4 所示。

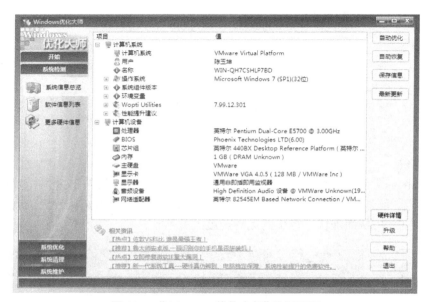

图 12.4　"Windows 优化大师"运行界面

使用 Windows 优化大师,能够有效地帮助用户了解自己的计算机软硬件信息;简化操作系统设置步骤;提升计算机运行效率;清理系统运行时产生的垃圾;修复系统故障及安全漏洞;维护系统的正常运转。Windows 优化大师的主要优势有下面四个。

(1)具有全面的系统优化选项,向用户提供简便的自动优化向导,优化项目均提供恢复功能。

(2)具有详尽准确的系统检测功能,提供详细准确的硬件、软件信息,提供系统性能进一步提高的建议。

(3)具有强大的清理功能,可以快速安全清理注册表,清理选中的硬盘分区或指定目录。

(4)具有有效的系统维护模块,可以检测和修复磁盘问题,提供文件加密与恢复工具。

2. 360 安全卫士

360 安全卫士是一款功能全面、效果良好、受用户欢迎的安全软件,拥有查杀木马、清理插件、主页修复、修复漏洞、勒索病毒防御、计算机体检、计算机救援、保护隐私,广告拦截、清理垃圾、清理痕迹多种功能。

1）优化加速

"优化加速"帮助用户全面优化系统，提升计算机速度，更有专业贴心的人工服务，如图12.5 所示。

图 12.5　"优化加速"工作界面

"一键优化"功能点击右边的立即优化即可。

"启动项"功能对于开机速度有很大影响，若想开机速度加快，可以将无关的启动项关闭，根据 360 安全卫士的建议点击"禁止启动"和"恢复启动"。

2）木马查杀

如果怀疑计算机存在木马，点击进入木马查杀的界面，如图 12.6 所示，可以选择"快速扫描""全盘扫描"和"自定义扫描"来检查计算机里是否存在木马程序。"快速扫描"只检查电脑重要区域，扫描时间较短；"全盘扫描"检查计算机全部磁盘，扫描时间较长；"自定义扫描"根据需要自行设定扫描区域。

图 12.6　"查杀木马"工作界面

扫描结束后若出现疑似木马或者安全威胁,点击"立即处理"即可,如图 12.7 所示。

图 12.7　"查杀木马"结果界面

3）清理插件

过多的插件会拖慢计算机的速度。而很多插件可能是在用户不知情的情况下安装,用户有可能并不了解这些插件的用途,也并不需要这些插件。通过定期的清理插件,可以及时的删除这些插件,保证计算机运行的正常速度。

点击"清理插件"界面后,点击开始扫描,360 安全卫士就会开始检查计算机,如图 12.8 所示。清理完毕,有个"清理建议",若无特别需求,点击"立即清理"即可;如有需要清理的插件,将其前面的小方框勾选后再点击"立即清理"即可。

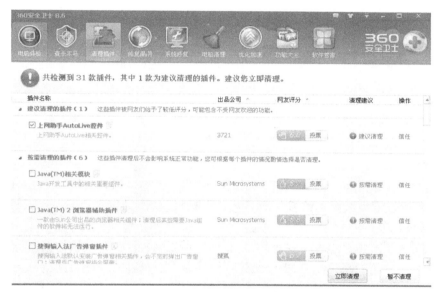

图 12.8　"清理插件"工作界面

4）计算机清理

垃圾文件,指系统工作时所过滤加载出的剩余数据文件,虽然每个垃圾文件所占系统资源并不多,但是有一定时间没有清理时,垃圾文件会越来越多。垃圾文件长时间堆积会拖慢计算机的运行速度和上网速度,浪费硬盘空间。

"计算机清理"包括"一键清理""清理垃圾""清理痕迹""清理注册表",如图 12.9 所示。

（1）"一键清理":点击右边的"一键清理"即可。

（2）"清理垃圾":点击"开始扫描"若无特殊需求点击"立即清除"即可,若有特别需求,将需要清除的选项前面的小方框勾选后点击"立即清除"即可。

（3）"清理痕迹":点击"开始扫描"若无特殊需求点击"立即清除"即可,若有特别需求,将需要清除的选项前面的小方框勾选后点击"立即清除"即可。

（4）"清理注册表":点击"开始扫描"若无特殊需求点击"立即清理"即可,若有特别需求,将需要清理的选项前面的小方框勾选后点击"立即清理"即可。

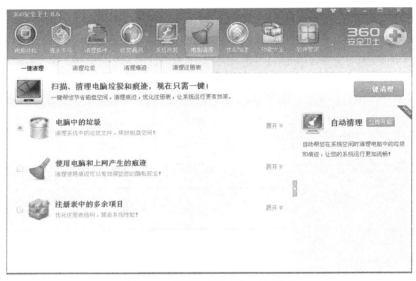

图 12.9　"计算机清理"工作界面

5）计算机门诊

计算机门诊是集成了"上网异常""系统图标""IE 功能""游戏环境""常用软件""系统综合"等六大系统常见故障的修复工具,可以一键智能解决计算机故障。可以根据遇到的问题,进行选择修复。

计算机用久了难免会出现一些小故障,比如上不了网、没有声音、软件报错、乱弹广告等现象。而往往一些用户缺乏经验,即便是这些小问题,也只能四处求助,甚至花金钱来维修。为此 360 推出"计算机门诊",汇集各种系统故障的解决方法,免费为广大用户提供便捷的维修服务。用户只需选择需要解决的问题,即可一键智能修复。对于不愿意多花钱的,或者对计算机不是太了解的小白, 360 计算机门诊可以说是最好的选择,即使不懂计算机,也能轻松解决计算机大部分的疑难杂症。

计算机门诊内置在 360 安全卫士中,在查杀木马和系统修复页面均可找到,进入后只需找到遇到的问题,点击"点此解决",即可一键修复。

12.5　数据恢复

12.5.1　数据恢复概述

电子数据恢复是指通过技术手段,将保存在台式机硬盘、笔记本硬盘、服务器硬盘、存储磁带库、移动硬盘、U 盘、数码存储卡、MP3 等设备上丢失的电子数据进行抢救和恢复的技术。

存储介质出现损伤或由于人员误操作、操作系统本身故障等原因可能造成数据看不见、无法读取、丢失情况。工程师应能通过特殊的手段读取在正常状态下不可见、不可读、无法读的数据。简言之,通过常规手段读取在非常规状态下的数据。这个范围包括硬盘软故障

（误删除、误格式化、误克隆、坏道、误分区等）和硬盘故障（磁头损坏、电路故障、固件损坏等）等。并非所有的数据丢失都可以恢复，如数据被覆盖、清零，或低级格式化都是无法恢复的。数据恢复不是靠一两种软件就可以完成的，往往需要工程师靠经验采用不同的方式才能恢复数据。

随着计算机在各个行业和各个领域大量广泛的应用，在对计算机应用的过程中，病毒的破坏、黑客的入侵、人为误操作、人为恶意破坏、系统的不稳定、存储介质的损坏等原因，都有可能造成重要数据的丢失。一旦数据出现丢失或者损坏，都将给企业和个人带来巨大的损失。这时就需要数据恢复。

12.5.2　常用数据恢复软件

数据恢复虽然是一项难度较大的工作，但对于普通用户来讲，仍可以使用一些第三方数据恢复软件尝试修复受损的硬盘、光盘或是误删的数据。如果不能恢复且数据又非常重要，可以找专业的数据恢复公司进行恢复。常用的数据恢复软件有以下几种。

1. EasyRecovery

这是一款能力非常强大的硬盘数据恢复工具，能够帮用户恢复丢失的数据以及重建文件系统。EasyRecovery 不会向原始驱动器写入任何内容，它主要是在内存中重建文件分区表，使数据能够安全地传输到其他驱动器中。用户可以从被病毒破坏或是已经格式化的硬盘中恢复数据。该软件可以恢复大于 8.4 GB 的硬盘，并支持长文件名。被破坏的硬盘丢失的引导记录、BIOS 参数数据块、分区表、FAT 表、引导区都可以由它来进行恢复。最新版本的 EasyRecovery 使用新的数据恢复引擎，并且能够对 ZIP 文件以及微软的 Office 系列文档进行修复。EasyRecovery 汉化版的运行界面如图 12.10 所示。

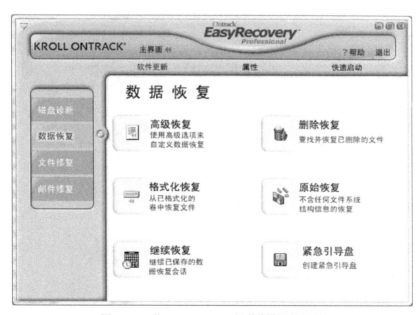

图 12.10　"EasyRecovery 汉化版"运行界面

2. DataExplore 数据恢复大师

　　数据恢复大师是一款功能强大，提供了较低层次恢复功能的数据恢复软件，只要数据没有被覆盖掉，文件就能找得到。注意，将数据恢复大师软件安装到空闲的盘上，并在恢复之前不要往需要恢复的分区里面写入新的数据。"DataExplore 数据恢复大师"运行界面如图12.11 所示。

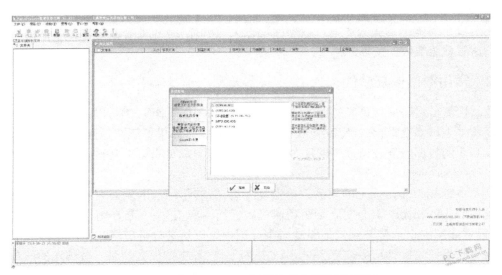

图 12.11　"DataExplore 数据恢复大师"运行界面

　　该软件支持 FAT12、FAT16、FAT32、NTFS、EXT2 文件系统，能找出被删除、快速格式化、完全格式化、删除分区、分区表被破坏或者 Ghost 破坏后磁盘里的文件。对于删除的文件，该软件有独特的算法来进行恢复，可以恢复出被认为无法恢复的文件，目录和文件的恢复效果非常好；对于格式化的恢复，本软件可以恢复出原来的目录结构，即使分区类型改变了也能直接扫描出原分区的目录，且无须将分区改回原来的类型；对于分区丢失或者重新分区，可以通过快速扫描得到原来的分区并且列出原来的目录结构，速度非常快，一般几分钟就可以看到原来的目录结构；对于 Ghost 破坏的恢复，没有覆盖到的数据还可以恢复回来；对于分区打不开或者提示格式化的情况，能够快速列出目录，节省大量的扫描时间。扫描到的数据可以把已删除的与其他丢失的文件区分开来，方便用户准确地找到需要恢复的数据。该软件支持各种存储介质的恢复，包括 IDE、ATA、SATA、SCSI、USB 等。

实训操作

1. 学习使用某查杀病毒软件对计算机系统进行安全检查。
2. 学习使用 360 安全卫士软件对系统进行优化处理。
3. 掌握使用某款数据恢复操作软件。

小　结

计算机在使用过程中需要定期进行软、硬件的维护,以确保系统安全稳定地运行,提高计算机的使用效率,延长使用寿命。计算机维护包括硬件系统维护和软件系统维护。 硬件系统维护主要包括合理安放计算机、做好计算机硬件的除尘工作,养成良好的计算机使用习惯,如正确的开关机顺序、释放静电,避免人为操作对计算机的损害。计算机软件系统维护主要包括查杀病毒、清除系统垃圾、系统优化、数据恢复等。

习　题

1.计算机的日常维护包括＿＿＿＿＿＿＿＿＿＿和＿＿＿＿＿＿＿＿＿＿＿＿。
2.计算机的理想工作温度是＿＿＿＿＿＿＿＿＿＿。
3.常用的反病毒软件有＿＿＿＿＿、＿＿＿＿＿＿、＿＿＿＿＿＿＿等。
4.常用数据恢复软件有＿＿＿＿＿＿、＿＿＿＿＿＿、＿＿＿＿＿＿等。
5.常用的系统优化命令和软件有＿＿＿＿＿＿、＿＿＿＿＿＿、＿＿＿＿＿＿＿等。
6.简述计算机的开关机顺序。
7.简述鼠标维护主要的工作。
8.简述键盘维护主要的工作。
9.简述计算机软件系统维护主要的工作。

参考文献

[1]   梁启来. 计算机组装与维护[M]. 北京:机械工业出版社,2015.

[2]   刘瑞新. 计算机组装与维护[M]. 北京:机械工业出版社,2004.

[3]   熊巧玲,张军. 电脑硬件芯片级维修从入门到精通[M]. 北京:科学出版社,2013.

[4]   翁正科. 计算机维护技术[M]. 北京:科学出版社,2006.